FLUGZEUGE DER WELT
HEUTE — MORGEN

ABKÜRZUNGEN IM TEXT

äWPS = **W**ellenvergleichsleistung in **PS**. Leistungseinheit für Propellerturbinen-Triebwerke, wobei der Restschub berücksichtigt wird. Englisch: **eshp** (**e**quivalent **s**haft **h**orse-**p**ower).

ECM = **E**lectronic **C**ounter **M**easures. Sammelbegriff für alle Massnahmen zur Störung feindlicher Funk- und Radareinrichtungen auf elektronischem Wege.

MAP = **M**ilitary **A**ssistance **P**rogram. Militärisches Hilfsprogramm der USA für finanzschwache Staaten.

NASA = **N**ational **A**eronautics & **S**pace **A**dministration. Nationale Luft- und Raumfahrtbehörde der USA.

NATO = **N**orth **A**tlantic **T**reaty **O**rganization. Organisation des Nordatlantik-Verteidigungspaktes.

RAAF = **R**oyal **A**ustralian **A**ir **F**orce. Australische Luftwaffe.

RAF = **R**oyal **A**ir **F**orce. Königliche britische Luftwaffe.

STOL = **S**hort **T**ake-**O**ff and **L**anding. Kurzstart und -landung.

USAF = **U**nited **S**tates **A**ir **F**orce. Luftwaffe der USA.

USCG = **U**nited **S**tates **C**oast **G**uard. Küstenwache der USA.

USMC = **U**nited **S**tates **M**arine **C**orps. Marineinfanterie der USA.

USN = **U**nited **S**tates **N**avy. Marine der USA.

VTOL = **V**ertical **T**ake-**O**ff and **L**anding. Senkrechtstart und -landung.

WPS = **W**ellen-**PS**. Leistung einer Propeller- oder Gasturbine, an der Welle gemessen; der Restschub wird nicht berücksichtigt. Englisch: **shp** (**s**haft **h**orse-**p**ower).

WILLIAM GREEN
UND DENNIS PUNNETT

Flugzeuge der Welt

heute – morgen

Beschreibung von 137 Flugzeugtypen
mit 245 Abbildungen

WERNER CLASSEN VERLAG
ZÜRICH/STUTTGART

Deutsche Übersetzung und Bearbeitung von Martin Fricke
Original edition published in Great Britain under the titel
«The Observer's Book of Aircraft»

Printed in Switzerland by Druckerei Baumann AG, Menziken
ISBN 3 7172 0236 7

VORWORT ZUR AUSGABE 1976

Zur Zeit, da diese Ausgabe von «Flugzeuge der Welt» erscheint, ist es jedem zahlenden Fluggast möglich geworden, flugplanmässig mit bisher im Zivilverkehr unerreichten Geschwindigkeiten zu reisen. Ohne Zweifel wird das Jahr 1976 als dasjenige in die Annalen der Luftfahrtgeschichte eingehen, in dessen Verlauf der Überschall-Flugverkehr Wirklichkeit wurde, indem die britisch-französische **Concorde** in den Farben der Air France und der British Airways nach achtjähriger Entwicklungszeit auf Linienflügen zum Einsatz kommt. Zwar gelang es den Sowjets, ihre **Tu-144** bereits am 26. Dezember 1975 kursmässig in Betrieb zu nehmen, doch da es sich nur um «Post- und Frachtflüge» handelt, ist dadurch der Erfolg der Concorde kaum geschmälert worden.

Sollte sich das Jahr 1976 als besonders wichtig in der Geschichte der Luftfahrt erweisen, so kaum wegen der zu erwartenden neuen Flugzeugtypen. Einzige Ausnahme könnte die **Boeing YC-14** werden, welche, zusammen mit der **McDonnel Douglas YC-15,** für den AMST-Wettbewerb der USAF entworfen worden war und diesen Sommer fertiggestellt sein dürfte. Was den Osten anbetrifft, so erwartet man mit Spannung die **Il-86,** weniger als technische Neuerung denn als das erste sowjetische Grossraum-Verkehrsflugzeug.

Die geringe Zahl fundamentaler Neukonstruktionen fiel bereits letztes Jahr auf, und nur drei wirklich neue Typen sind in dieser Ausgabe zum erstenmal vertreten: das jugoslawisch-rumänische Kampfflugzeug **Orao,** der finnische Grundschultrainer **LEKO-70,** und die bereits erwähnte YC-15, während vom neusten sowjetischen Erdkampfflugzeug **Su-19** weder genaue Angaben noch Illustrationen zur Verfügung stehen. Die übrigen «Neuheiten», wie etwa die Fuji KM-2B oder die Beech Turbo Mentor, sind lediglich neue Versionen schon längst bekannter Typen. Die israelische **IAI Kfir** lässt sich vielleicht am besten als eine Mischung französischer Aerodynamik mit amerikanischer Triebwerk-Technologie umschreiben, die **Atlas C4M Kudu** jedoch eher als südafrikanische Neukonstruktion.

Der Zweck dieses Büchleins, das sei hier wieder einmal in Erinnerung gerufen, ist es, Jahr für Jahr die neu erschienenen Flugzeugtypen und die neuen Versionen bereits bekannter Maschinen zu beschreiben, kann also niemals einen lückenlosen Überblick auch nur über die wichtigsten aller existierenden Flugzeugtypen geben.

William Green

AERITALIA (FIAT) G.222

Ursprungsland: Italien.
Kategorie: Militärischer Mehrzwecktransporter.
Triebwerke: Zwei Propellerturbinen General Electric T64-P4D von je 3400 WPS Leistung.
Leistungen: Höchstgeschw. 530 km/h auf Meereshöhe, 540 km/h auf 4575 m; normale Reisegeschw. 360 km/h auf 4500 m; Reichweite mit 5000 kg Nutzlast 3250 km; max. Reichweite 5250 km; Anfangssteiggeschw. 9,6 m/Sek.
Gewichte: Leer 14 590 kg; Rüstgewicht 15 400 kg; max. Startgewicht 26 500 kg.
Zuladung: Drei bis vier Mann Besatzung und 44 vollausgerüstete Soldaten, 40 Fallschirmjäger, 36 Verwundete, zwei Jeeps oder gleichwertige Zuladung.
Entwicklungsstand: Erster von zwei Prototypen am 18. Juli 1970 geflogen, gefolgt vom zweiten am 22. Juli 1971. Am 28. Juli 1972 bestellte die italienische Luftwaffe 44 Einheiten, mit Ablieferungsbeginn Anfang 1976. Die erste Serienmaschine war am 21. November 1975 fertiggestellt. Aus dem Ausland trafen bisher folgende Bestellungen ein: 2 (plus 3 Optionen) aus Argentinien, und 1 (plus 1 Option) aus Dubai.
Bemerkungen: Die Prototypen besassen noch die CT64-820-Propellerturbine und waren nicht druckbelüftet, doch die Serienversion ist mit zwei T64-P4D ausgerüstet und soll später eine Druckkabine erhalten. Die G. 222 wird als Nachfolger der veralteten Fairchild C-119 in Betracht gezogen; es sollen zwei Staffeln der italienischen Luftwaffe mit der G.222 ausgerüstet werden.
Hersteller: Aeritalia SpA, Turin, Italien.

AERITALIA (FIAT) G.222

Abmessungen: Spannweite 28,80 m, Länge 22,70 m, Höhe 9,80 m, Flügelfläche 90,2 m^2.

AERMACCHI MB.339

Ursprungsland: Italien.
Kategorie: Zweisitziger Trainer und leichtes Erdkampfflugzeug.
Triebwerke: Ein Strahltriebwerk Rolls-Royce Viper Mk.632-43 von 1815 kp Standschub (Lizenzbau Fiat).
Leistungen (geschätzt): Höchstgeschw. 898 km/h oder Mach 0.73 auf 300 m, bzw. 817 km/h oder Mach 0.77 auf 9150 m; max. Reichweite ohne Aussentanks 1760 km; Anfangssteiggeschw. 35,8 m/Sek.
Gewichte: Leer 3070 kg; beladen (ohne Aussenlasten) 4350 kg; max. Startgewicht 5670 kg.
Bewaffnung (als Waffentrainer und leichtes Erdkampfflugzeug): Ein mehrläufiges 7,62-mm-MG GAU-2B/A zu 1500 Schuss oder eine 30-mm-Kanone DEFA zu 120 Schuss. Bis zu 1590 kg Aussenlasten, verteilt unter sechs Aufhängepunkte unter den Flügeln.
Entwicklungsstand: Der erste von zwei Prototypen der MB.339 dürfte in der ersten Hälfte von 1976 die Flugversuche aufnehmen. Die italienische Flugwaffe interessiert sich für bis zu 100 Maschinen als Ersatz für die MB.326, wobei die ersten Flugzeuge 1977/78 zur Auslieferung kämen.
Bemerkungen: Der Grundschul- und Fortgeschrittenentrainer MB.339 basiert auf der Zelle der neueren MB.326-Versionen, verfügt jedoch über einen verstärkten Flügel und ein stabileres Rumpfmittelstück (entsprechend dem Einsitzer MB.326K), welche im Schulungsbetrieb 10 000 Flugstunden garantieren. Hinter dem zweiten Sitz befindet sich eine Art Waffenwanne für Bewaffnung und Aufklärungsausrüstung. Die Abbildung zeigt das 1974 erstellte Mockup.
Hersteller: Aeronautica Macchi SpA, Varese, Italien.

AERMACCHI MB.339

Abmessungen: Spannweite 10,85 m, Länge 10,97 m, Höhe 3,92 m, Flügelfläche 19,3 m^2.

AERO L 39 ALBATROS

Ursprungsland: Tschechoslowakei.
Kategorie: Zweisitziger Grundschul- und Fortgeschrittenen-Trainer.
Triebwerke: Ein Mantelstromtriebwerk Walter Titan (Iwtschenko AI-25TL) von 1720 kp Standschub.
Leistungen (bei einem Fluggewicht von 4200 kg): Höchstgeschw. 705 km/h auf Meereshöhe, 757 km/h auf 5000 m, oder 737 km/h auf 10 000 m; Anfangssteiggeschwindigkeit 22 m/Sek.; Steigzeit auf 10 000 m 17 Min.; max. Reichweite (ohne Zusatztanks) 910 km.
Gewichte: Leer 3375 kg; normal beladen 4200 kg; max. Startgewicht 4600 kg.
Bewaffnung (für Waffentraining): Zwei Aufhängepunkte unter den Flügeln für Kanonenbehälter oder Raketenwerfer. L 39Z: Vier Aufhängepunkte unter den Flügeln für Luft-Boden-Lenkwaffen, Raketenwerfer für je 16 Raketen, oder 20-mm-Kanonen-Behälter.
Entwicklungsstand: Erster von fünf Prototypen flog am 4. November 1968, gefolgt von 10 Vorserienflugzeugen im Laufe 1971. Erste Lieferungen an die tschechischen und sowjetischen Luftstreitkräfte 1973.
Bemerkungen: Die L 39 ist das Nachfolgemuster der L 29 Delfin in den Schulen der tschechischen und sowjetischen Luftwaffe. Unter der Bezeichnung L 39Z wurde ein einsitziges Erdkampfflugzeug entwickelt, welches angeblich bereits vom Irak, zusammen mit einigen zweisitzigen L 39, in Auftrag gegeben worden ist. Die L 39 ist Bestandteil eines ganzen Trainings- und Schulungssystems, welches u. a. noch einen Flugsimulator (TL-39), und ein Schleudersitzübungsgerät umfasst.
Hersteller: Aero Vodochody Národní Podnik, Odelená bei Prag, Tschechoslowakei.

AERO L 39 ALBATROS

Abmessungen: Spannweite 9,46 m, Länge 12,32 m, Höhe 4,72 m, Flügelfläche 18,8 m^2.

AEROSPATIALE SN 601 CORVETTE

Ursprungsland: Frankreich.
Kategorie: Leichtes Geschäftsreiseflugzeug.
Triebwerke: Zwei Mantelstromtriebwerke Pratt & Whitney (Canada) JT15D-4 von je 1050 kp Standschub.
Leistungen: Max. Reisegeschw. 760 km/h auf 9000 m; ökonom. Reisegeschw. 565 km/h auf 11 500 m; Reichweite (mit 12 Passagieren plus Reserven) 1470 km; max. Reichweite (mit Flügelspitzentanks 2500 km; Anfangssteiggeschw. 15,2 m/Sek.; Dienstgipfelhöhe 12 500 m.
Gewichte: Leer 3490 kg; max. Startgewicht 6600 kg.
Zuladung: Ein bis zwei Mann Besatzung und 6—14 Passagiere, je nach Innenausstattung.
Entwicklungsstand: Erstflug des Prototyps (SN 600) am 16. Juli 1970, des ersten von zwei Vorserienflugzeugen (SN 601) am 20. Dezember 1972. Jungfernflug des ersten von fünf Serienflugzeugen am 9. November 1973. Ablieferungsbeginn September 1974.
Bemerkungen: Hier beschrieben wird die gegenwärtig fabrizierte Version der Corvette, die SN 601, während die SN 602, ausgerüstet mit zwei SNECMA/Turboméca Larzac 03 zu je 1250 kp Standschub, sich noch auf dem Zeichenbrett befindet. Die «gestreckte» Ausführung für 18 Passagiere wurde 1975 vom Programm gestrichen. Die Corvette eignet sich für eine Reihe von verschiedenen Aufgaben wie Schulung von Zivil- und Militärpiloten, Luftbildvermessung, Krankentransport (drei Tragbahren und zwei Pfleger), oder Eichung von Navigations- und Anflughilfen. Unter den Käufern der Corvette befinden sich Air Alpes (2), Air Alsace (2), und Africair (1).
Hersteller: Société Nationale Industrielle Aérospatiale, Paris, Frankreich.

AEROSPATIALE SN 601 CORVETTE

Abmessungen: Spannweite 12,87 m, Länge 13,82 m, Höhe 4,23 m, Flügelfläche 22,0 m².

AIRBUS A300B4

Ursprungsland: Internationales Konsortium.
Kategorie: Mittelstrecken-Verkehrsflugzeug.
Triebwerke: Zwei Mantelstromtriebwerke General Electric CF6-50C von je 23 130 kp Standschub.
Leistungen: Max. Reisegeschw. 943 km/h auf 7600 m; ökonom. Reisegeschw. 891 km/h auf 9450 m; Langstrecken-Reisegeschw. 941 km/h auf 10 060 m; Reichweite mit max. Nutzlast 4074 km; Reichw. mit 21 600 kg Nutzlast 6315 km.
Gewichte: Rüstgewicht 87 409 kg; max. Startgew. 150 000 kg.
Zuladung: Drei Mann Besatzung und 220—300 Passagiere, je nach Innenausstattung. Maximal 345 Passagiere.
Entwicklungsstand: Erstflüge des ersten und zweiten Prototyps (B1-Standard) am 28. Oktober 1972, bzw. am 5. Februar 1973, des dritten (B2-Standard) am 28. Juni 1973. Die erste A300B4 flog erstmals am 26. Dezember 1974. Zu Beginn 1976 lagen Bestellungen für 52 Airbus (inkl. Optionen) vor. 58 Flugzeuge plus Bestandteile für 26 weitere sind zum Bau freigegeben.
Bemerkungen: Die A300B wird von einem internationalen Konsortium gebaut, welchem die Firmen Aérospatiale (Frankreich), Deutsche Airbus (BR Deutschland), Hawker Siddeley (Grossbritannien), und Fokker-VFW (Holland) angehören. Die beiden ersten Flugzeuge (A300B1) besassen einen kürzeren, 50,97 m langen Rumpf, wogegen die Serienausführungen A300B2 und B4 einen längeren Rumpf aufweisen, sonst aber bis auf das erhöhte Abfluggewicht und Treibstoffkapazität sowie Krügerklappen mit der letzteren identisch sind. Es bestehen auch Projekte für eine Frachtversion, eine Version mit erhöhter Passagierkapazität (B9) und eine Version mit Rolls-Royce RB.211-Triebwerken (B10).
Hersteller: Airbus Industrie, Paris, Frankreich.

AIRBUS A300B4

Abmessungen: Spannweite 44,84 m, Länge 53,62 m, Höhe 16,53 m, Flügelfläche 260,0 m².

AIR METAL AM-C111

Ursprungsland: Westdeutschland.
Kategorie: Leichtes STOL-Mehrzweckflugzeug.
Triebwerke: Zwei Propellerturbinen Pratt & Whitney (Canada) PT6A-45 von je 1175 äWPS Leistung.
Leistungen (geschätzt für Serie 100): Max. Reisegeschw. 416 km/h auf Meereshöhe, bzw. 409 km/h auf 6100 m; Reichweite mit 2240 kg Nutzlast 600 km; max. Reichweite 2700 km; Anfangssteiggeschw. 10,2 m/Sek.; Dienstgipfelhöhe 8200 m.
Gewichte: Leer 3630 kg; max. Startgewicht 6800 kg.
Zuladung: Zwei Mann Besatzung und 24 Passagiere.
Entwicklungsstand: Erstflug des Prototyps voraussichtlich erste Hälfte 1976. Die AM-C111 soll in der Türkei in Lizenz hergestellt werden, das entsprechende Flugzeugwerk wird in Kayseri gebaut.
Bemerkungen: Es ist vorgesehen, in Deutschland eine kleine Vorserie zu bauen, später sich aber nur noch auf die Herstellung von Bausätzen zu konzentrieren, welche den Lizenznehmern verkauft werden sollen. Bereits bestehen Projekte für folgende Versionen: Serie 100HD (Taxiflugzeug für 30 Passagiere), Serie 200 (druckbelüftet), Serie 300 und 400 (Frachtversionen mit Heckladepforte, Serie 300 ohne, Serie 400 mit Druckkabine). Ferner sind die «gestreckten» Ausführungen der Serie 100S, 200S, 300S sowie 400S geplant; die Varianten 200 SP und 400 SP sind speziell für die türkische Luftwaffe bestimmt.
Hersteller: Air-Metal Flugzeugbau- und Entwicklungs-GmbH & Co Betriebs-KG, Flugplatz Ellermühle, Landshut, Westdeutschland.

AIR METAL AM-C111

Abmessungen: Spannweite 19,20 m, Länge 16,34 m, Höhe 2,45 m, Flügelfläche 38,0 m².

ANTONOW AN-28

Ursprungsland: UdSSR.
Kategorie: Leichter Mehrzwecktransporter und Zubringerflugzeug.
Triebwerke: Zwei Propellerturbinen Gluschenkow TVD-10A von je 960 WPS Leistung.
Leistungen: Max. Reisegeschw. 350 km/h; Reichweite mit max. Nutzlast 1000 km; Anfangssteiggeschw. 12,0 m/Sek. m/Sek.
Gewichte: Leer 3550 kg; max. Startgewicht 5700 kg.
Zuladung: Ein bis zwei Mann Besatzung und 15 Passagiere. Die An-28 ist mit Klappsitzen versehen, so dass eine Umstellung auf Frachtbetrieb in sehr kurzer Zeit möglich ist. Geschäftsreiseversion mit spezieller Innenausstattung für sechs oder sieben Personen; Ambulanzversion mit sechs Tragbahren plus Pfleger.
Entwicklungsstand: Prototyp (An-14M) erstmals im September 1969 geflogen; Abschluss der Versuchsflüge 1972. Ein Vorserienflugzeug wurde vorerst mit zwei Isotow TVD-850-Propellerturbinen (810 WPS), später mit zwei Gluschenkow TVD-10A-Propellerturbinen ausgerüstet. Erstflug mit den Gluschenkow-Triebwerken im April 1975. Die ersten Serienflugzeuge sollen ab 1976 ablieferungsbereit sein.
Bemerkungen: Im wesentlichen eine vergrösserte, mit Propellerturbinen ausgerüstete Weiterentwicklung der An-14. Wegen Schwierigkeiten bei der Entwicklung von geeigneten Propellerturbinen hat sich der Serienbau der An-28 stark verzögert. Als Verwendungszwecke sind u. a. auch Waldbrandbekämpfung, Rettungseinsätze, landwirtschaftliche Aufgaben, geologische Forschung, vorgesehen.
Hersteller: Oleg .K Antonow, Kiew, UdSSR.

ANTONOW AN-28

Abmessungen: Spannweite 22,00 m, Länge 12,98 m, Höhe 4,60 m.

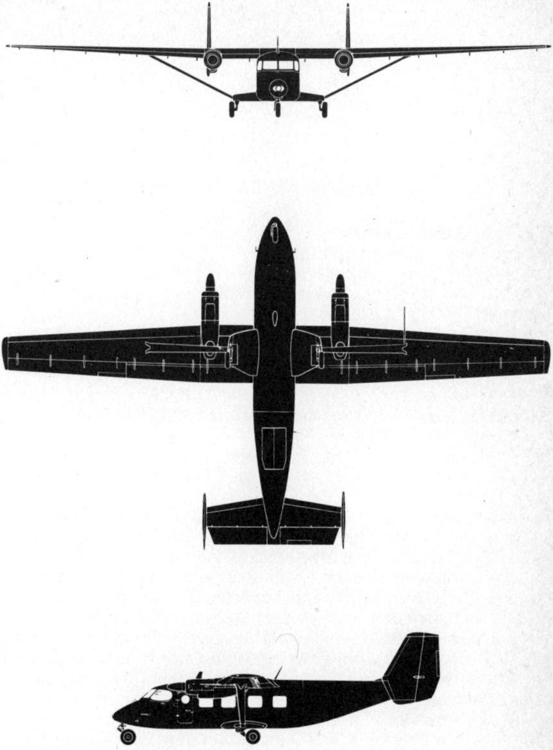

ANTONOW AN-30 (CLANK)

Ursprungsland: UdSSR.
Kategorie: Vermessungsflugzeug.
Triebwerke: Zwei Propellerturbinen Iwtschenko AI-24T von je 2820 äWPS und ein Hilfs-Strahltriebwerk Tumanski RU-19A-300 von 800 kp Standschub.
Leistungen: Höchstgeschw. 520 km/h auf 6000 m; normale Reisegeschw. 425 km/h; Anfangssteiggeschw. 8,0 m/Sek.; Dienstgipfelhöhe 8300 m; Reichweite 2600 km; Flugdauer 6 Std.
Gewichte: Leer 14 700 kg; max. Startgewicht 23 000 kg.
Zuladung: 7 Mann Besatzung.
Entwicklungsstand: Das Flugversuchsprogramm begann Mitte 1973 und die An-30 befindet sich seit 1975 im Dienst der Aeroflot.
Bemerkungen: Die An-30 ist eine Spezialausführung der An-24RT, welche ihrerseits aus der An-24V Serinji II (siehe Ausgabe 1969) abgeleitet wurde. Zur Erfüllung ihrer Aufgabe ist die An-30 mit vier grossen Luftbildkameras ausgerüstet; ausserdem können Infrarot- und Lasergeräte sowie Gravimeter und Magnetometer verwendet werden. Für Kartografiezwecke ist ein Mikrowellen-Höhenmesser eingebaut. Alle Geräte lassen sich von einer zentralen Überwachungsstelle aus bedienen. Jede An-30 verfügt über einen Computer, welcher Flugroute, Geschwindigkeit, Flughöhe usw. laufend automatisch überwacht und korrigiert. Eine der Kameras dürfte kardanisch aufgehängt sein, um auch unter turbulenten Verhältnissen brauchbare Aufnahmen zu liefern. Insgesamt wurden etwa 790 Flugzeuge der Versionen An-24 und An-26 (siehe Ausgabe 1974) in der Sowjetunion hergestellt.
Hersteller: Oleg K. Antonow, Kiew, UdSSR.

ANTONOW AN-30 (CLANK)

Abmessungen: Spannweite 29,20 m, Länge 24,26 m, Höhe 8,32 m, Flügelfläche 75,0 m².

ATLAS C4M KUDU

Ursprungsland: Südafrika.
Kategorie: Leichter STOL-Mehrzwecktransporter.
Triebwerke: Ein Sechszylinder-Boxermotor Avco Lycoming GSO-480-B1B3 von 340 PS Startleistung (Lizenzbau Piaggio).
Leistungen: Höchstgeschw. 260 km/h auf 2440 m; max. Reisegeschw. 232 km/h auf 3050 m; ökonom. Reisegeschw. 195 km/h; max. Reichweite 1300 km.
Gewichte: Leer 1200 kg; max. Startgewicht 2040 kg.
Zuladung: Ein bis zwei Piloten und vier bis sieben Passagiere. Frachtkapazität bis zu 560 kg.
Entwicklungsstand: Erstflug des Prototyps am 16. Februar 1974. Die Ablieferung der ersten Serienmaschinen an die Leichtfliegerstaffeln der südafrikanischen Luftwaffe begann gegen Ende 1975.
Bemerkungen: Die Atlas C4M Kudu wurde von der Atlas Aircraft Corporation in Zusammenarbeit mit Aermacchi (Italien) entwickelt und besitzt auffallende Ähnlichkeit mit der Aeritalia-Aermacchi AM-3C (siehe Ausgabe 1974), welche in 40 Exemplaren ebenfalls bei der südafrikanischen Luftwaffe unter dem Namen Bosbok (Buschbock) im Einsatz steht. In Wirklichkeit handelt es sich um eine Kombination aus dem leicht modifizierten Rumpf der Lockheed-Aermacchi AL.60 und den Flügeln, dem Leitwerk, dem Fahrwerk und dem Triebwerk der Aermacchi AM.3C. Die C4M Kudu kann als Beobachtungs-, Verbindungs-, Ambulanz- und Nachschubflugzeug verwendet werden. Die zivile Zulassung dürfte 1975 erteilt worden sein.
Hersteller: Atlas Aircraft Corp. of South Africa (Pty) Ltd., Kempton Park, Transvaal, Südafrika.

ATLAS C4M KUDU

Abmessungen: Spannweite 13,00 m, Länge 9,04 m, Höhe 2,74 m, Flügelfläche 20,9 m².

BAC ONE-ELEVEN 475

Ursprungsland: Grossbritannien.
Kategorie: Kurz- und Mittelstrecken-Verkehrsflugzeug.
Triebwerke: Zwei Mantelstromtriebwerke Rolls-Royce Spey 25 512-14-DW von je 5690 kp Standschub.
Leistungen: Max. Reisegeschw. 882 km/h auf 6400 m; ökonom. Reisegeschw. 815 km/h auf 7600 m; Reichweite mit Reserven für 45 Min. 3740 km, mit normaler Nutzlast 2560 km; Anfangssteiggeschw. 12,0 m/Sek.
Gewichte: Rüstgewicht 23 502 kg; maximales Startgewicht 41 730 kg.
Zuladung: Zwei Mann Besatzung und bis zu 89 Fluggäste. Typische Innenausstattung mit gemischten Klassen für 16 Erstklass- und 49 Touristklass-Passagiere.
Entwicklungsstand: Der zur One-Eleven 475 umgebaute Prototyp der One-Eleven 500 flog erstmals am 27. August 1970, die erste Serienmaschine am 5. April 1971. Zulassung und erste Ablieferung im Juni 1971. Insgesamt waren bis Anfang 1976 220 One-Elevens aller Versionen bestellt.
Bemerkungen: Die One-Eleven 475 vereinigt in sich den kurzen Rumpf der One-Eleven 400 mit dem neuen Flügel und den stärkeren Triebwerken der One-Eleven 500 (siehe Ausgabe 1970). Bis heute wurden folgende Versionen der One-Eleven fabriziert: Serie 200 und 300 (strukturell identisch) mit 4700-kp-Speys 506, bzw. 5170-kp-Speys 511; die Serie 400, für den nordamerikanischen Markt bestimmt, und die Serie 500. Eine Unterversion für gemischten Passagier-/Frachtbetrieb der Serie 475 wurde für die Luftwaffe des Sultanats Oman gebaut und ist oben abgebildet. Der Prototyp der One-Eleven führte seinen Jungfernflug am 20. August 1963 aus.
Hersteller: British Aircraft Corp. Ltd., Commercial Aircraft Division, Weybridge, Surrey, Grossbritannien.

BAC ONE-ELEVEN 475

Abmessungen: Spannweite 28,50 m, Länge 28,50 m, Höhe 7,47 m, Flügelfläche 95,8 m^2.

BAC AEROSPATIALE CONCORDE

Ursprungsland: Frankreich und Grossbritannien.
Kategorie: Langstrecken-Überschall-Verkehrsflugzeug.
Triebwerke: Vier Strahltriebwerke Rolls-Royce/SNECMA Olympus 593 Mk.602 von je 17 260 kp Standschub mit Nachbrenner.
Leistungen: Max. Reisegeschw. 2179 km/h auf 15 600 m (Mach 2.05); Reichweite mit 10 000 kg Nutzlast plus FAR-Reserven 6300 km; mit max. Nutzlast (12 700 kg) bei Mach 0.93 auf 9150 m 4930 km, bei Mach 2.05 6226 km; Anfangssteiggeschw. 25,4 m/Sek.; Dienstgipfelhöhe etwa 18 300 m.
Gewichte: Rüstgewicht 79 265 kg; max. Startgew. 181 400 kg.
Zuladung: Normalerweise drei Mann Besatzung und 128 Passagiere der Einheitsklasse. Maximal 144 Passagiere.
Entwicklungsstand: Die beiden ersten Prototypen flogen erstmals am 2. März bzw. am 9. April 1969. Jungfernflug des ersten von zwei Vorserienflugzeugen am 17. Dezember 1971, und des ersten Serienflugzeuges am 6. Dezember 1973. Zu Beginn 1976 sind bereits fünf der 16 Serienflugzeuge ein- oder mehrmals geflogen. Gegenwärtig scheint die Weiterführung der Serienproduktion unwahrscheinlich.
Bemerkungen: Am 21. Januar 1976 führte die Concorde auf zwei Flugrouten gleichzeitig ihre ersten planmässigen Linienflüge für die Air France und die British Airways durch und wurde so zum ersten Überschall-Verkehrsflugzeug, das flugplanmässig Passagiere beförderte. Air France besitzt vier, British Airways fünf Concordes. Weitere Interessenten sind die VR China (3) und Persien (2 plus 1 Option).
Hersteller: British Aircraft Corp., London; Aérospatiale, Paris.

BAC AEROSPATIALE CONCORDE

Abmessungen: Spannweite 25,56 m, Länge 61,66 m, Höhe 11,30 m, Flügelfläche 358,3 m².

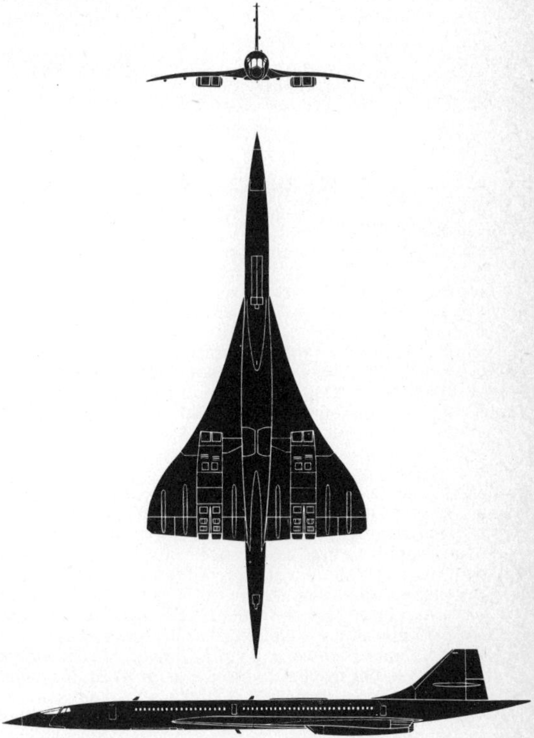

BEECHCRAFT 76

Ursprungsland: USA.
Kategorie: Leichtes Reiseflugzeug.
Triebwerke: Zwei Sechszylinder-Boxermotoren Avco Lycoming 0-360 von je 180 PS Startleistung.
Leistungen: Max. Reisegeschw. 298 km/h; Reichweite inkl. 45 Min. Reserven 1300 km.
Gewichte: Noch keine Angaben erhältlich.
Zuladung: Vier Personen. Doppelsteuer serienmässig.
Entwicklungsstand: Erstflug des Prototyps im Spätsommer 1974 unter der Bezeichnung PD 289. Der definitive Entschluss zum Serienbau der Beech 76 wurde im Herbst 1975 gefasst, wobei der frühestmögliche Liefertermin auf den Oktober 1977 festgelegt worden ist.
Bemerkungen: Die Beech 76 ist der einmotorigen Beech Sierra 200 sehr ähnlich und hat auch zahlreiche Bauteile mit dieser gemeinsam, jedoch wird die Serienausführung, im Gegensatz zum Prototyp, einen neuen Flügel aus Sandwichplatten erhalten. Weitere Verbesserungen im Vergleich zum Prototyp sind die elektrisch betätigten Landeklappen (manuell beim Prototyp), der Einbau einer elektrisch betätigten Trimmklappe und ein neues, hydraulisches Stossdämpfersystem für das Fahrwerk. Zwei Kabinentüren; separates Gepäckabteil hinter der Kabine. Die Beech 76 ist das zweite Flugzeug der Beech-Familie mit T-förmigem Leitwerk; das erste war die Super King Air 200 (siehe Seiten 32—33). Beim Erstflug fanden zwei Lycoming-Boxermotoren von je 160 PS Verwendung, welche inzwischen gegen solche von 180 PS ausgetauscht worden sind.
Hersteller: Beech Aircraft Corp., Wichita, Kansas, USA.

BEECHCRAFT 76

Abmessungen: Spannweite 11,59 m, Länge 8,96 m, Höhe 2,71 m.

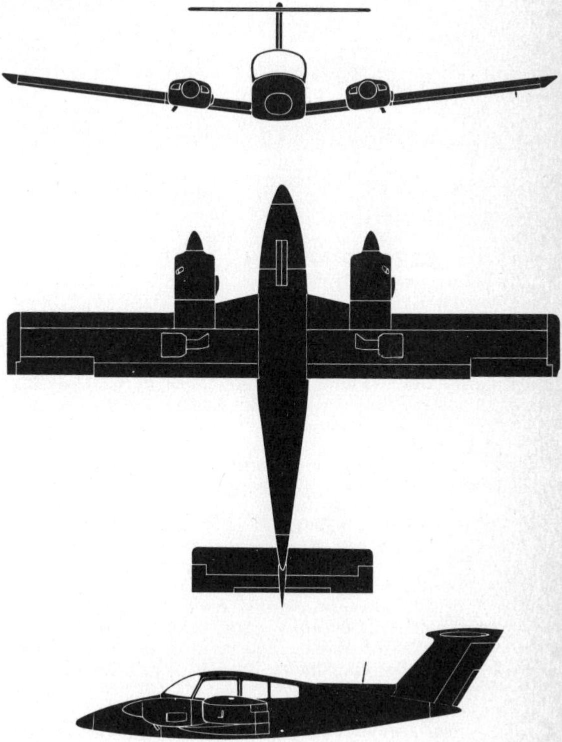

BEECHCRAFT KING AIR B100

Ursprungsland: USA.
Kategorie: Geschäftsreiseflugzeug.
Triebwerke: Zwei Propellerturbinen Garrett-AiResearch TPE 331-6-252B von je 715 WPS Leistung.
Leistungen: Max. Reisegeschw. (Fluggewicht 4760 kg) 493 km/h auf 3050 m, bzw. 478 km/h auf 6400 m; Reichweite inkl. Reserven 2438 km; Anfangssteiggeschw. 10,1 m/Sek.; Dienstgipfelhöhe 7680 m.
Gewichte: Leer 3233 kg; max. Startgewicht 5350 kg.
Zuladung: Ein Pilot und 6—13 Passagiere, je nach Innenausstattung.
Entwicklungsstand: Die B100 erhielt ihre Zulassung im November 1975, und die Kundenlieferungen begannen im Januar 1976.
Bemerkungen: Die King Air B100 ist die neueste Version der Beech King Air und unterscheidet sich von der A100, ihrem Vorgänger, primär durch ein anderes Triebwerk (A100: Propellerturbinen Pratt & Whitney (Canada) PT6A-28 von je 680 WPS Leistung). Die Produktion der A100 wird allerdings bis auf weiteres weitergeführt, zusammen mit der etwas kleineren King Air C90 (PT6A-20 von je 550 WPS) und E90 (PT6A-28 von je 550 WPS), welche eine Länge von 10,82 m, eine Spannweite von 15,32 m, eine Höhe von 4,33 m aufweisen. Erstflug der ersten King Air (Modell 90) am 20. Januar 1964.
Hersteller: Beech Aircraft Corp., Wichita, Kansas, USA.

BEECHCRAFT KING AIR B100

Abmessungen: Spannweite 13,99 m, Länge 12,18 m, Höhe 4,68 m, Flügelfläche 25,9 m².

BEECHCRAFT SUPER KING AIR 200

Ursprungsland: USA.
Kategorie: Leichtes Geschäftsreiseflugzeug.
Triebwerke: Zwei Propellerturbinen Pratt & Whitney (Canada) PT6A-41 von je 850 WPS Leistung.
Leistungen: Maximale Reisegeschw. 536 km/h auf 3650 m, 515 km/h auf 7600 m; max. Reichweite 2960 km auf 8200 m; Anfangssteiggeschw. 12,8 m/Sek.; Dienstgipfelhöhe 9850 m.
Gewichte: Leer 3470 kg; max. Startgewicht 5670 kg.
Zuladung: Zwei Mann Besatzung und 6—8 Passagiere. Zubringerversion verfügbar.
Entwicklungsstand: Erstflüge des ersten und zweiten Prototyps der Super King Air am 27. Oktober bzw. 15. Dezember 1972. Die Ablieferungen begannen im März 1974.
Bemerkungen: Die Super King Air 200 (ebenfalls bekannt als Beech 101) ist die vierte Maschine der King-Air-Reihe und unterscheidet sich von der King Air B100 (siehe Seiten 30—31) primär durch eine grössere Spannweite, verbesserte Druckkabine, erhöhte Treibstoffkapazität, stärkere Triebwerke und ein T-Leitwerk. Die King Air E90 (siehe Ausgabe 1973) ist, im Gegensatz zu ihrem Vorläufer, der C90, mit den stärkeren Motoren der A100 ausgerüstet. Alle diese Versionen verbleiben nach wie vor in Produktion. 30 Super King Air A200 (zwei PT6A-38 von je 750 PS) werden gegenwärtig als C-12A an die USAF und 40 als U-25A Huron an die US Army geliefert. Diese Flugzeuge stehen den amerikanischen Luftattachés zur Verfügung und sind über die ganze Welt verteilt.
Hersteller: Beech Aircraft Corp., Wichita, Kansas, USA.

BEECHCRAFT SUPER KING AIR 200

Abmessungen: Spannweite 16,60 m, Länge 13,16 m, Höhe 4,54 m, Flügelfläche 28,1 m².

BEECHCRAFT T-34C TURBO MENTOR

Ursprungsland: USA.
Kategorie: Zweisitziger Grundschultrainer.
Triebwerke: Eine Propellerturbine Pratt & Whitney (Canada) PT6A-45 von 715 WPS Leistung (herabgesetzt auf 400 WPS).
Leistungen: Höchstgeschw. 414 km/h auf 5300 m; max. Reisegeschw. 397 km/h auf 5300 m; Reichweite 1205 km auf 6100 m; Steiggeschw. auf 5050 m 6,5 m/Sek.; Dienstgipfelhöhe über 9000 m.
Gewichte: Leer 1194 kg; max. Startgewicht 1940 kg.
Entwicklungsstand: Erster von zwei YT-34C (umgebaute T-34B) erstmals am 21. September 1974 geflogen. Eine erste Serie von 93 T-34C ist von der US Navy bereits in Auftrag gegeben worden mit Ablieferungsbeginn März 1976. Die US Navy hat ein Bedürfnis für bis zu 400 Flugzeuge dieses Typs.
Bemerkungen: Die T-34C ist eine modernisierte Version des altbewährten Schulflugzeugs Beech 45, dessen Sechszylinder-Boxermotor Continental O-470-13 (225 PS) durch eine Propellerturbine ersetzt worden ist. Bisher wurden 450 Flugzeuge der T-34A für die USAF und 423 T-34B für die US Navy hergestellt. Die Propellerturbine der T-34C ist mit einem Drehmomentregler ausgerüstet, welcher die Triebwerkleistung auf 400 WPS begrenzt und damit eine lange Lebensdauer und konstantbleibende Leistungen in einem weiten Temperatur- und Höhenbereich ermöglicht. Angehende US-Navy-Piloten werden ihre Grundausbildung auf der T-34C erhalten und danach auf die Rockwell T-2C Buckeye umschulen.
Hersteller: Beech Aircraft Corp., Wichita, Kansas, USA.

BEECHCRAFT T-34C TURBO MENTOR

Abmessungen: Spannweite 10,17 m, Länge 8,75 m, Höhe 3,00 m, Flügelfläche 16,7 m².

BELLANCA 19-25 SKYROCKET II

Ursprungsland: USA.
Kategorie: Leichtes Reiseflugzeug.
Triebwerke: Ein Sechszylinder-Boxermotor Continental GTSIO-520-F von 435 PS Startleistung.
Leistungen: Höchstgeschw. 485 km/h auf 5800 m; Reisegeschw. (bei 75 % Leistung) 420 km/h auf 4570 m, bzw. 402 km/h (bei 65 % Leistung); Reichweite 1955 km (bei 75 % Leistung), bzw. 2355 km (bei 65 % Leistung); Anfangssteiggeschw. 9,6 m/Sek., Dienstgipfelhöhe 9150 m.
Gewichte: Leer 975 kg; max. Startgewicht 1700 kg.
Zuladung: Ein Pilot und fünf Passagiere.
Entwicklungsstand: Erstflug des Prototyps im Mai 1975.
Bemerkungen: Entwickelt von der Bellanca Aircraft Engineering Corp., welche übrigens nicht zu verwechseln ist mit der Bellanca Aircraft Corp. (Hersteller der Scout und Super Viking, siehe Ausgabe 1975), unter der Leitung von Giuseppe Bellanca. Die Skyrocket II ist grossenteils aus glasfaserverstärktem Kuntsstoffmaterial und tragender Aussenhaut aufgebaut. Zahlreiche wichtige Komponenten bestehen aus einer zweischaligen Epoxyharzkonstruktion mit dazwischenliegenden Aluminiumwaben, womit eine Oberfläche und eine Steifigkeit erreicht wird, die weit über der der herkömmlichen Aluminiumbauweise liegt. Der Rumpf wird in zwei Hälften samt Seitenflosse und Höhenflossenwurzel gegossen, während die Flügel in zwei Halbschalen mit zwei Kunststoffholmen hergestellt werden. Der Treibstoff wird in zwei integralen Flügeltanks mitgeführt.
Hersteller: Bellanca Aircraft Engineering, Inc., Scott Depot near Charleston, West Virginia, USA.

BELLANCA 19-25 SKYROCKET II

Abmessungen: Spannweite 10,67 m, Länge 8,81 m, Höhe 2,82 m, Flügelfläche 17,0 m².

BOEING 707-320C

Ursprungsland: USA.
Kategorie: Mittel- und Langstrecken-Verkehrsflugzeug.
Triebwerke: Vier Mantelstromtriebwerke Pratt & Whitney JT3D-7 von je 8620 kp Standschub.
Leistungen: Max. Reisegeschw. 956 km/h auf 9100 m; ökonom. Reisegeschw. 885 km/h auf 10 670 m; Langstrecken-Reisegeschw. 856 km/h; Reichweite mit max. Nutzlast (38 100 kg) ohne Reserven 6920 km; max. Reichweite ohne Reserven 12 030 km.
Gewichte: Rüstgewicht Passagierversion 66 224 kg, Frachtversion 62 872 kg; max. Startgewicht 151 315 kg.
Zuladung: Typische Innenausstattung für 14 Erstklass- und 133 Touristklass-Passagiere. Max. 219 Passagiere.
Entwicklungsstand: Der Prototyp der Boeing 707 flog erstmals am 15. Juli 1954, und die erste Serienmaschine folgte am 20. Dezember 1957. Seither wird die Boeing 707 in zahlreichen Versionen und Ausführungen fabriziert, und trotz ihrem Alter soll 1976 immer noch monatlich eine Boeing 707 hergestellt werden. Zu Beginn 1976 waren insgesamt 920 Boeing 707 und 720 (Mittelstreckenversion der 707) bestellt worden und grossenteils auch abgeliefert. Heute ist allerdings nur noch die Version 707-320C neu erhältlich.
Bemerkungen: Die Boeing 707-320C ist mit rund 330 Exemplaren die meistgebaute Version der 707 und wird als Frachter (ohne Küche und WC's) oder als kombiniertes Passagier-/Frachtflugzeug gebaut.
Hersteller: The Boeing Co., Commercial Airplane Group, Renton, Washington, USA.

BOEING 707-320C

Abmessungen: Spannweite 44,42 m, Länge 46,61 m, Höhe 12,93 m, Flügelfläche 283,4 m^2.

BOEING 727-200

Ursprungsland: USA.
Kategorie: Kurz- und Mittelstrecken-Verkehrsflugzeug.
Triebwerke: Drei Mantelstromtriebwerke Pratt & Whitney JT8D-9 von je 6580 kp Standschub, oder drei JT8D-11 bzw. JT8D-15 von je 6805 bzw. 7030 kp Standschub.
Leistungen: Höchstgeschw. 999 km/h auf 6250 m; maximale Reisegeschw. 964 km/h auf 7530 m; ökonom. Reisegeschw. 917 km/h auf 9150 m; Reichweite mit 11 975 kg Nutzlast und normalen Reserven 4585 km, mit maximaler Nutzlast (18 600 kg) 2970 km; Anfangssteiggeschw. 13,2 m/Sek.; Dienstgipfelhöhe 10 200 m.
Gewichte: Rüstgewicht 44 235 kg; maximales Startgewicht 94 350 kg.
Zuladung: Drei Mann Besatzung und, je nach Innenausstattung, 163 bis 189 Passagiere.
Entwicklungsstand: Jungfernflug der ersten Boeing 727-100 am 9. Februar 1963. Die «gestreckte» 727-200 flog erstmals am 27. Juli 1967. Alle ab Mitte 1972 gelieferten Flugzeuge weisen den sogenannten «verbesserten 727-200-Standard» auf. Zu Beginn 1976 waren insgesamt 1230 Boeing 727 aller Versionen bestellt. Produktionsrate sieben Flugzeuge pro Monat.
Bemerkungen: Die 727-200 ist eine längere Ausführung der Boeing 727-100 (siehe Ausgabe 1972). Die neueste Variante besitzt JT8D-17-Triebwerke von je 7260 kp Standschub, wodurch die Zuladung um 1587 kg erhöht werden kann. Die Ablieferung der neuesten Variante mit JT8D-17-Triebwerken (je 7260 kp Standschub) begann im Juni 1974 an Mexicana. Die unter der Bezeichnung Boeing 727-300 vorgeschlagene, um 4,57 m «gestreckte» Version mit grösserer Spannweite, Krüger-Klappen und einem Maximalgewicht von 95 255 kg ist 1975 für unbestimmte Zeit zurückgestellt worden.
Hersteller: The Boeing Co., Commercial Airplane Group, Renton, Washington, USA.

BOEING 727-200

Abmessungen: Spannweite 32,92 m, Länge 46,69 m, Höhe 10,36 m, Flügelfläche 157,9 m^2.

BOEING 737-200

Ursprungsland: USA.
Kategorie: Kurzstrecken-Verkehrsflugzeug.
Triebwerke: Zwei Mantelstromtriebwerke Pratt & Whitney JT8D-9 von je 6575 kp Standschub.
Leistungen: Höchstgeschw. 943 km/h auf 7160 m; max. Reisegeschw. (Fluggewicht 40 823 kg) 927 km/h auf 6900 m; ökonom. Reisegeschw. 890 km/h auf 9150 m, max. Reichweite inkl. Reserven 4075 km; Reichweite mit max. Nutzlast (15 780 kg) inkl. Reserven 3815 km.
Gewichte: Rüstgewicht 27 310 kg; max. Startgew. 52 390 kg.
Zuladung: Zwei Mann Besatzung und 115 Passagiere. Max. 130 Fluggäste.
Entwicklungsstand: Jungfernflug der Boeing 737 am 9. April 1967, die ersten Ablieferungen (737-100 an die Lufthansa) erfolgten noch im selben Jahr. Erstflug der «gestreckten» 737-200 am 8. August 1967; Ablieferungen (an United) ab 1968. Die Verkaufsziffern stellen sich auf über 460 (inkl. 19 Boeing 737-200 als T-43A Navigationstrainer für die USAF, siehe Ausgabe 1975). Produktionsrate Anfang 1976 vier bis fünf Einheiten monatlich.
Bemerkungen: Seit dem Mai 1971 werden alle neugebauten Boeing 737 auf den sogenannten «verbesserten 737-200/C/QC-Standard» gebracht (kürzere Startstrecke, grössere Reichweite). Eine nochmals «gestreckte» (verlängerte) Version, die 737-300, ist zwar studiert worden, doch fiel bis jetzt kein Entscheid über die Zukunft dieses Projekts.
Hersteller: The Boeing Co., Commercial Airplane Group, Renton, Washington, USA.

BOEING 737-200

Abmessungen: Spannweite 28,35 m, Länge 30,48 m, Höhe 11,28 m, Flügelfläche 91,1 m².

BOEING 747-200B

Ursprungsland: USA.
Kategorie: Langstrecken-Verkehrsflugzeug.
Triebwerke: Vier Mantelstromtriebwerke Pratt & Whitney JT9D-7W von je 21 320 kp Standschub.
Leistungen: Höchstgeschw. 978 km/h auf 9150 m; Langstrekken-Reisegeschw. 948 km/h auf 10 670 m; max. Reichweite inkl. Reserven 11 400 km, mit 36 100 kg Nutzlast 10 650 km; Reiseflughöhe 13 700 m.
Gewichte: Rüstgewicht 163 844 kg; maximales Startgewicht 351 540 kg.
Zuladung: Drei Mann Besatzung und Standardausrüstung für 66 Erstklass- und 308 Economyklass-Passagiere. Max. 447—490 Economyklass-Passagiere.
Entwicklungsstand: Jungfernflug der Boeing 747-100 am 9. Februar 1969. Erster Streckeneinsatz einer 747 am 22. Januar 1970 durch Panam. Die erste Boeing 747-200 (747B) flog am 11. Oktober 1970; es war die 88. Serienmaschine. Erstflug der Boeing 747F am 30. November 1971. Ablieferung der 747SR ab September 1973. Etwa 300 Einheiten aller Versionen waren zu Beginn 1976 in Auftrag gegeben worden.
Bemerkungen: Zurzeit stehen die beiden Grundmuster Boeing 747-100 und -200 in Produktion, wovon das letztere ein grösseres Treibstoff-Fassungsvermögen und ein erhöhtes Startgewicht aufweist. Varianten der 747-200 sind die 747C (für kombinierten Passagier- und Frachtbetrieb) und die 747F (Frachtversion). Weitere Versionen sind die 747SR (Kurzstreckenausführung für Japan Airlines), und die 747-200B (ausgerüstet mit General Electric CF6-50D-Triebwerken von je 23 135 kp Standschub), welche am 26. Juni 1973 erstmals flog. Als Alternative können CF6-50E Triebwerke von je 23 810 kp Standschub eingebaut werden.
Hersteller: The Boeing Co., Commercial Airplane Group, Renton, Washington, USA.

BOEING 747-200B

Abmessungen: Spannweite 59,64 m, Länge 70,51 m, Höhe 19,33 m, Flügelfläche 528,2 m^2.

BOEING 747SP

Ursprungsland: USA.
Kategorie: Langstrecken-Verkehrsflugzeug.
Triebwerke: Vier Mantelstromtriebwerke Pratt & Whitney JT9D-7A von je 21 300 kp Standschub.
Leistungen: Max. Reisegeschw. 957 km/h auf 10 670 m; ökonom. Reisegeschw. 918 km/h auf 10 670 m; Langstrecken-Reisegeschw. 893 km/h; Reichweite mit max. Nutzlast (44 034 kg) 10 650 km; Reichweite mit 13 600 kg Nutzlast 15 400 km.
Gewichte: Rüstgewicht 140 878 kg; max. Startgewicht 299 370 kg.
Zuladung: Drei Mann Besatzung und Standard-Innenausstattung für 28 Erstklass- und 288 Economyklass-Passagiere. Max. 360 Passagiere.
Entwicklungsstand: Die erste Serien-747SP flog am 4. Juli 1975; erste Ablieferungen (an Panam) im Frühjahr 1976, zu welchem Zeitpunkt 15 Einheiten bestellt waren.
Bemerkungen: Die Boeing 747SP (Special Performance) besitzt einen um 14,30 m kürzeren Rumpf als die Standard-747, von welcher über 90 % aller Bauteile übernommen wurden (siehe Seiten 44—45). Ausserdem fanden verbesserte Flügelklappen und ein neues, schlankeres Seitenruder Verwendung. Sie wurde für Strecken entworfen, die den Einsatz der Standard-747 wegen der geringen Passagierfrequenzen nicht lohnen. Bestellt von Panam, Iranair, South African Airways, Syrian Arab.
Hersteller: The Boeing Co., Commercial Airplane Group, Renton, Washington, USA.

BOEING 747SP

Abmessungen: Spannweite 59,64 m, Länge 56,31 m, Höhe 19,94 m, Flügelfläche 528,2 m².

BOEING E-3A

Ursprungsland: USA.
Kategorie: Frühwarnflugzeug und fliegende Kommandozentrale.
Triebwerke: Vier Mantelstromtriebwerke Pratt & Whitney TF33-P-7 von je 9525 kp Standschub.
Leistungen: Bisher wurden keine Leistungsangaben bekannt; es ist jedoch wahrscheinlich, dass die Fluggeschwindigkeiten denen der zivilen Boeing 707-320B entsprechen (Höchstgeschw. 1010 km/h, ökonom. Reisegeschw. 886 km/h). Die Spezifikationen der USAF verlangen 7 Std. Aufenthalt im Suchgebiet auf 8800 m, 1850 km vom Stützpunkt entfernt. Flugdauer ohne Flugbetankung 11,5 Stunden.
Gewichte: Geschätztes Startgewicht 150 000 kg.
Zuladung: Die E-3A nimmt eine 17köpfige Besatzung auf, welche je nach Art des Einsatzes ergänzt werden kann.
Entwicklungsstand: Erstes von zwei EC-137D-Versuchsflugzeugen startete am 9. Februar 1972 zum Jungfernflug. Drei Vorserienflugzeuge werden gegenwärtig hergestellt, wovon das erste eine umgebaute EC-137D ist und im Februar 1975 die Versuchsflüge aufnahm, gefolgt vom zweiten im Juli 1975.
Bemerkungen: Als Teil des Programms zur Entwicklung eines Frühwarn- und Luftraumüberwachungssystems (AWACS, Airborne Warning and Control System), welches ab 1975 zum Einsatz kommen soll, wurden zwei Boeing 707-320B zu EC-137D-Versuchsflugzeugen umgebaut. Sie dienten 1972 zum Ausprobieren der Radaranlagen von Hughes und Westinghouse.
Hersteller: The Boeing Co., Commercial Airplane Group, Renton, Washington, USA.

BOEING E-3A

Abmessungen: Spannweite 44,42 m, Länge 46,61 m, Höhe 12,93 m, Flügelfläche 283,4 m².

BOEING YC-14

Ursprungsland: USA.
Kategorie: Taktischer STOL-Transporter.
Triebwerke: Zwei Mantelstromtriebwerke General Electric CF6-50D von je 22 200 kp Standschub.
Leistungen (geschätzt): Höchstgeschw. 834 km/h auf 9150 m; normale Reisegeschw. 760 km/h; Reichweite (konventioneller Einsatz) mit max. Nutzlast (36 740 kg) 1850 km, bzw. 740 km (STOL-Einsatz, 12 247 kg Nutzlast).
Gewichte: Berechnetes max. Startgewicht (STOL) 76 880 kg, bzw. 112 945 kg (konventioneller Einsatz).
Zuladung: Drei Mann Besatzung. Im Frachtraum können alle Fahrzeuge und Waffen bis zum 28 123 kg schweren Selbstfahr-Howitzer, Kaliber 20,3 cm, untergebracht werden. Als Truppentransporter rund 150 vollausgerüstete Soldaten.
Entwicklungsstand: Die erste von zwei Prototypen YC-14 dürfte das Versuchsflugprogramm im Sommer 1976 aufnehmen. Anschliessend wird ein Ausscheidungsfliegen zusammen mit der McDonnell Douglas YC-15 (siehe Seiten 160—161) durchgeführt.
Bemerkungen: Die Boeing YC-14 ist eine der Bewerberinnen im AMST-Wettbewerb (Advanced Military STOL Transport = Fortgeschrittener STOL-Militärtransporter) der USAF und vereinigt einige konstruktive und aerodynamische Neuheiten in sich, wie einen superkritischen Flügel, Triebwerke, welche vor und auf dem Flügel sitzen und so die Flügelunterseite frei halten, grosse Klappen an Flügelvorder- und -hinterkante, welche den vom Triebwerk induzierten Luftstrom für erhöhten Auftrieb nach unten umlenken.
Hersteller: The Boeing Co., Wichita Division, Wichita, Kansas, USA.

BOEING YC-14

Abmessungen: Spannweite 39,32 m, Länge 40,13 m, Höhe 14,68 m, Flügelfläche 163,7 m^2.

BRITTEN-NORMAN BN-2A ISLANDER

Ursprungsland: Grossbritannien.
Kategorie: Leichtes Mehrzweckflugzeug.
Triebwerke: Zwei Sechszylinder-Boxermotoren Avco Lycoming O-540-E4C5 von je 260 PS Startleistung.
Leistungen: Höchstgeschw. 273 km/h auf Meereshöhe; Reisegeschw. bei 75 % Leistung 257 km/h auf 2140 m, bei 67 % Leistung 253 km/h auf 2750 m, bei 59 % Leistung 248 km/h auf 3960 m; normale Reichweite 1154 km bei 257 km/h, 1400 km bei 248 km/h; max. Reichweite (mit Flügelendtanks) 1674 km bei 257 km/h oder 2035 km bei 248 km/h.
Gewichte: Leer 1667 kg; max. Startgewicht 2995 kg.
Zuladung: Ein bis zwei Mann Besatzung und bis zu zehn Passagiere, oder, als fliegende Ambulanz, zwei Patienten und zwei Pfleger.
Entwicklungsstand: Prototyp am 12. Juni 1965 erstmals geflogen, gefolgt vom ersten Serienflugzeug am 20. August 1966. Über 750 Islanders sind bestellt. Im Laufe von 1973 wurde die Fabrikation nach Belgien (Fairey SA) verlegt. In Rumänien baut IRMA 315 Islanders und auf den Philippinen werden 20 Islanders aus Bestandteilen montiert und 60 weitere in Lizenz hergestellt.
Bemerkungen: Die neueste Version der Islander, die BN-2A-8S, welche hier beschrieben ist, flog erstmals am 22. August 1972 und zeichnet sich durch eine um 1,15 m längere Rumpfnase aus (zusätzlicher Gepäckraum). Ausserdem wurden zwei neue Fenster hinter dem Flügel angebracht, und auf Wunsch können zwei weitere Sitzplätze eingebaut werden. Die militärische Mehrzweckversion ist als Defender bekannt.
Hersteller: Britten-Norman (Bembridge) Ltd. (Member of the Fairey Group), Bembridge Airport, Isle of Wight, Grossbritannien.

BRITTEN-NORMAN BN-2A ISLANDER

Abmessungen: Spannweite 14,94 m, Länge 12,02 m, Höhe 4,16 m, Flügelfläche 30,2 m².

BRITTEN-NORMAN BN-2A MK.III-2 TRISLANDER

Ursprungsland: Grossbritannien.
Kategorie: Leichtes Mehrzweck- und Zubringerflugzeug.
Triebwerke: Drei Sechszylinder-Boxermotoren Avco Lycoming O-540-E4C5 von je 260 PS Startleistung.
Leistungen: Höchstgeschw. 294 km/h auf Meereshöhe; Reisegeschw. bei 75 % Leistung 283 km/h auf 1980 m, bei 67 % Leistung 282 km/h auf 2750 m; Reichweite mit 1090 kg Nutzlast 1127 km bei 282 km/h.
Gewichte: Leer 2585 kg; max. Startgewicht 4540 kg.
Zuladung: Ein bis zwei Mann Besatzung und 16—17 Passagiere.
Entwicklungsstand: Jungfernflug des Prototyps am 11. September 1970, des Serienprototyps am 6. März 1971, und des ersten Serienflugzeugs am 29. April 1971. Erste Lieferung einer Serienmaschine (an Aurigny) am 29. Juni 1971. Die Trislander-Produktion wurde Ende 1972 nach Belgien (Fairey SA, Gosselies) verlegt; Lieferung der ersten in Belgien gebauten Maschine zu Beginn 1974. Rund 60 Trislander waren Anfang 1976 bestellt; Produktionsrate zwei Flugzeuge pro Monat.
Bemerkungen: Die Trislander ist eine Weiterentwicklung der Islander (siehe Seiten 52/53), und die beiden Typen haben 75 % aller Bauteile gemeinsam. Flügelspitzentanks gehören zur Standardausrüstung der Trislander. Am 18. August 1974 flog erstmals die BN-2A Mk.III-2 mit längerer Rumpfnase (siehe Abbildung).
Hersteller: Britten-Norman (Bembridge) Ltd. (Member of the Fairey Group), Bembridge Airport, Isle of Wight, Grossbritannien.

BRITTEN-NORMAN BN-2A MK.III-2 TRISLANDER

Abmessungen: Spannweite 16,15 m, Länge 13,33 m, Höhe 4,32 m, Flügelfläche 31,3 m^2.

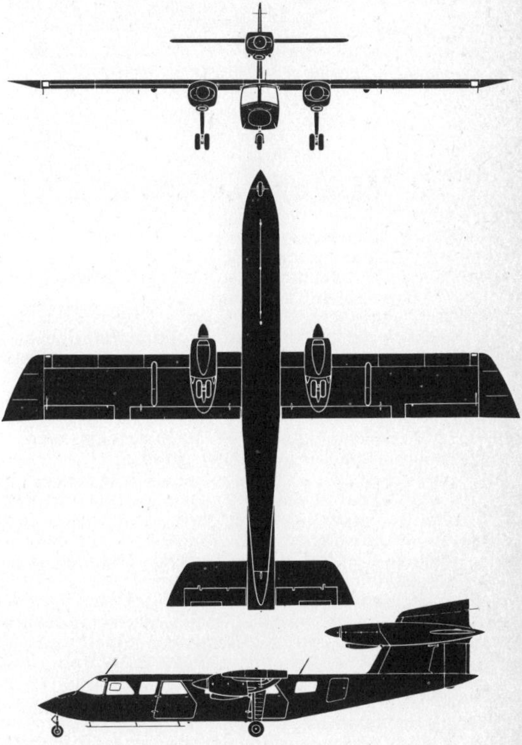

CASA C.212 AVIOCAR

Ursprungsland: Spanien.
Kategorie: STOL-Mehrzwecktransporter.
Triebwerke: Zwei Propellerturbinen Garrett-AiResearch TPE 331-5-251C von je 715 WPS Leistung.
Leistungen (Fluggewicht 6300 kg): Max. Reisegeschw. 391 km/h auf 3660 m, 383 km/h auf 1520 m; Anfangssteiggeschw. 8,7 m/Sek.; Dienstgipfelhöhe 7500 m; Reichweite mit max. Nutzlast inkl. Reserven 1930 km.
Gewichte: Leer 3650 kg; max. Startgewicht 6300 kg.
Zuladung: Zwei Mann Besatzung und 18 Passagiere (Zivilversion), oder 16 Fallschirmjäger, oder, als Sanitätsflugzeug, 10 Patienten mit drei Pflegern, oder 2000 kg Fracht.
Entwicklungsstand: Zwei Prototypen gebaut, wovon der erste am 26. März 1971, der zweite am 23. Oktober 1971 zum Erstflug startete. Das erste von zwölf Vorserienflugzeugen flog erstmals am 17. November 1972. Von der Aviocar sind 32 Serienexemplare C.212A für die spanische Luftwaffe bestellt worden, die seit Anfang 1974 geliefert werden.
Bemerkungen: Von den Vorserienflugzeugen sind acht für die spanische Luftwaffe bestimmt (sechs als Vermessungsflugzeuge C.212B und zwei als Navigationstrainer C.212E). Gegenwärtig laufen Bestellungen für 22 C.212A und zwei C.212B für Portugal, vier C.212A für Jordanien und 16 C.212A sowie einige C.212C (Zivilversion) für Indonesien. Die Aviocar wird die veralteten Junkers Ju 52/3m, die DC-3 und C-47, sowie die CASA-207 Azor der spanischen Luftwaffe ersetzen.
Hersteller: CASA (Constructiones Aeronauticas SA.), Madrid, Spanien.

CASA C.212 AVIOCAR

Abmessungen: Spannweite 19,00 m, Länge 15,20 m, Höhe 6,32 m, Flügelfläche 40,0 m^2.

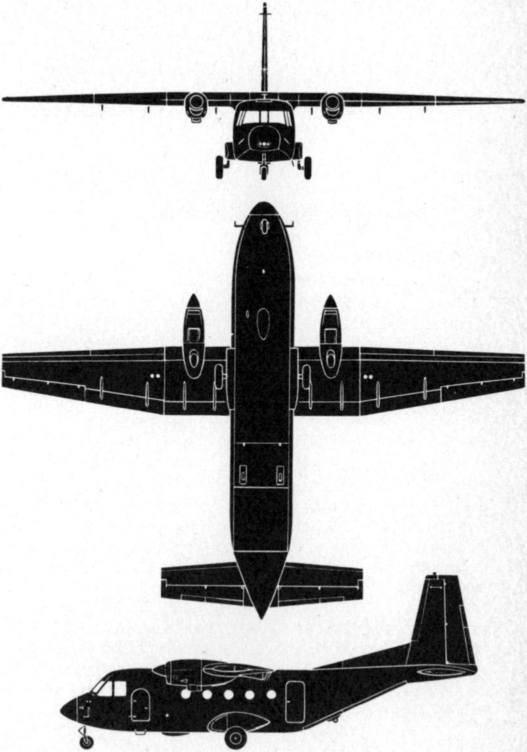

CESSNA 404 TITAN

Ursprungsland: USA.
Kategorie: Leichtes Geschäftsreise- und Zubringerflugzeug.
Triebwerke: Zwei Sechszylinder-Boxermotoren Teledyne Continental GTSIO-520X von je 375 PS Startleistung.
Leistungen: Höchstgeschw. 363 km/h auf Meereshöhe; 433 km/h auf 4900 m; max. Reisegeschw. mit 75 % Leistung 359 km/h auf 3050 m, bzw. 396 km/h auf 6100 m; Reichweite mit 10 Personen 1641 km (bei 356 km/h auf 3050 m); Anfangssteiggeschw. 7,7 m/Sek.; Dienstgipfelhöhe 6800 m.
Gewichte: Leer (Version Ambassador) 2156 kg, bzw. 2165 kg (Version Courier); max. Startgewicht 3765 kg.
Zuladung: Ein bis zwei Piloten und 8—9 Passagiere.
Entwicklungsstand: Erstflug des Prototyps am 26. Februar 1975, Beginn der Kundenlieferungen voraussichtlich Mitte 1976. Mögliche Produktionsrate bis 12 Flugzeuge monatlich.
Bemerkungen: Die Titan soll in zwei Versionen gebaut werden: der Courier als Zubringer- und Frachtflugzeug, und der Ambassador als Geschäftsreiseflugzeug; Unterschiede ergeben sich allerdings nur in der Innenausstattung. Besitzt praktisch dieselbe Zelle wie die propellerturbinengetriebene Cessna 441 (siehe Seiten 60—61) mit geklebter Flügelstruktur und grossflächigen, hydraulisch angetriebenen Fowler-Klappen, neuen Propellern, und einem Fahrwerk für den Einsatz von unvorbereiteten Pisten aus. Durch den neuen Flügelaufbau liessen sich etwa 20 kg an Gewicht sparen, und wurden die Flügelspitzentanks dank höherer Treibstoffkapazität überflüssig.
Hersteller: Cessna Aircraft Co., Wichita, Kansas, USA.

CESSNA 404 TITAN

Abmessungen: Spannweite 14,02 m, Länge 12,04 m, Höhe 3,99 m, Flügelfläche 22,5 m².

CESSNA 441

Ursprungsland: USA.
Kategorie: Leichtes Geschäftsreiseflugzeug.
Triebwerke: Zwei Propellerturbinen Garrett-AiResearch TPE-331-8-401 von je 620 WPS Leistung.
Leistungen: Höchstgeschw. 523 km/h auf 4900 m; max. Reisegeschw. 519 km/h auf 5200 m; Reichweite mit max. Reisegeschw. inkl. 45 Min. Reserven und 10 Personen 2148 km auf 10 000 m, bzw. 3389 km mit 5 Personen auf 10 000 m oder 2148 km auf 5200 m; Anfangssteiggeschw. 12,2 m/Sek.; Dienstgipfelhöhe 10 100 m.
Gewichte: Leer 2288 kg; max. Startgewicht 4310 kg.
Zuladung: Ein bis zwei Piloten und 8—9 Passagiere.
Entwicklungsstand: Erstflug des Prototyps am 26. August 1975, Beginn der Kundenlieferungen Ende 1977, als Teil des Cessna-Angebots für 1978. Die Produktionsstrasse, welche für die Fabrikation der 441 aufgebaut wird, weist eine Kapazität von 15 Flugzeugen pro Monat auf.
Bemerkungen: Die Cessna 441 ist das erste Turbopropflugzeug dieser Firma, das in den Serienbau gehen wird. Sie soll die Lücke im Cessna-Angebot zwischen den Kolbenflugzeugen und den der strahlgetriebenen Citation-Serie schliessen. Die Cessna 441 ist mit einer Druckkabine ausgerüstet.
Hersteller: Cessna Aircraft Co., Wichita, Kansas, USA.

CESSNA 441

Abmessungen: Spannweite 14,12 m, Länge 11,89 m, Höhe 3,99 m, Flügelfläche 22,5 m².

CESSNA CITATION 500

Ursprungsland: USA.
Kategorie: Leichtes Geschäftsreiseflugzeug.
Triebwerke: Zwei Mantelstromtriebwerke Pratt & Whitney (Canada) JT15D-1 von je 1000 kp Standschub.
Leistungen: Höchstgeschw. 647 km/h auf 8050 m; max. Reisegeschw. 644 km/h auf 7740 m; Reichweite mit acht Personen inkl. 45 Min. Reserven bei 90 % Reiseleistung 2248 km, mit zwei Personen unter denselben Bedingungen 2417 km; Anfangssteiggeschw. 14,7 m/Sek.; Dienstgipfelhöhe 11 700 m.
Gewichte: Leer 2927 kg; max. Startgewicht 5375 kg.
Zuladung: Zwei Mann Besatzung in separatem Cockpit und fünf bis sechs Passagiere.
Entwicklungsstand: Erster von zwei Prototypen am 15. September 1969 erstmals geflogen, gefolgt vom ersten Serienflugzeug im Mai 1971. Die Kundenlieferungen begannen im Oktober 1971 und erreichten ein Ausmass von sechs Flugzeugen monatlich (1974). Zu Beginn 1976 waren bereits rund 300 Citations abgeliefert worden.
Bemerkungen: Die guten Kurzstart- und Landeeigenschaften ermöglichen es der Citation, allein in den USA über 2300 Flugplätze anzufliegen. Seit 1975 ist die Citation für eine Gipfelhöhe von 12 500 m und eine um 166 km grössere Reichweite zugelassen. Zweimal konnte das zulässige Startgewicht erhöht werden, das erste Mal ab dem 71., das zweite Mal ab dem 275. Serienflugzeug. Die entsprechenden Anpassungen lassen sich mithilfe von Umbausätzen auch an älteren Maschinen vornehmen. Am 30. Oktober 1974 wurde das Projekt Citation III bekanntgegeben (dreimotoriges Langstreckenflugzeug).
Hersteller: Cessna Aircraft Co., Wichita, Kansas, USA.

CESSNA CITATION 500

Abmessungen: Spannweite 13,32 m, Länge 13,26 m, Höhe 4,36 m, Flügelfläche 24,2 m².

DASSAULT-BREGUET FALCON 10

Ursprungsland: Frankreich.
Kategorie: Leichtes Geschäftsreiseflugzeug.
Triebwerke: Zwei Mantelstromtriebwerke Garrett-AiResearch TFE-731-2 von je 1465 kp Standschub.
Leistungen: Max. Reisegeschw. 912 km/h auf 9150 m, 796 km/h oder Mach 0,75 auf 13 700 m; Reichweite mit vier Passagieren und 45 Min. Reserven 3330 km auf 13 700 m, oder 2405 km mit max. Reisegeschw. auf 9150 m.
Gewichte: Leer 4880 kg; max. Startgewicht 8500 kg.
Zuladung: Zwei bis drei Mann Besatzung und, je nach Innenausstattung, vier oder sieben Passagiere.
Entwicklungsstand: Jungfernflug des ersten Prototyps am 1. Dezember 1970, des zweiten am 15. Oktober 1971, und des dritten am 16. Oktober 1972. Die erste Serienmaschine flog erstmals am 30. April 1973 und wurde im November desselben Jahres ausgeliefert. Gegenwärtige Produktionsrate zwei Flugzeuge pro Monat. 81 Bestellungen plus 91 Optionen (Stand Mai 1975), wovon zu Beginn 1976 50 abgeliefert waren.
Bemerkungen: Die Falcon 10 (auch als Mystère 10 bekannt) ist generell betrachtet eine verkleinerte Ausführung der Falcon 20 (siehe Ausgabe 1974). Zu einem späteren Zeitpunkt der Entwicklung ist vorgesehen, das französische Mantelstromtriebwerk Turboméca-SNECMA Larzac von 1350 kp Standschub einzubauen. Die Falcon 10 wird gegenwärtig der Armée de l'Air als militärischer Trainer und als Verbindungsflugzeug angeboten. Die Aéronavale erhielt zwei Falcon 10 als Radartrainer (Falcon 10 MER) und optiert auf eine dritte.
Hersteller: Avions Marcel Dassault-Breguet Aviation, Vaucresson, Frankreich.

DASSAULT-BREGUET FALCON 10

Abmessungen: Spannweite 13,08 m, Länge 13,86 m, Höhe 4,61 m, Flügelfläche 24,1 m².

DASSAULT-BREGUET FALCON 50

Ursprungsland: Frankreich.
Kategorie: Leichtes Geschäftsreiseflugzeug.
Triebwerke: Drei Mantelstromtriebwerke Garrett-AiResearch von je 1680 kp Standschub.
Leistungen (geschätzt): Höchstgeschw. 900 km/h auf 11 000 m (Mach 0.85); max. Reisegeschw. 840 km/h oder Mach 0.81; ökonom. Reisegeschw. 760—790 km/h; Reichweite mit vier Passagieren inkl. Reserven 5830 km, mit sechs Passagieren inkl. Reserven 4970 km.
Gewichte: Rüstgewicht 9000 kg; max. Startgewicht 16 600 kg.
Zuladung: Zwei Mann Besatzung und 6—10 Passagiere.
Entwicklungsstand: Voraussichtlicher Erstflug des Prototyps im November 1976. Die Ablieferungen beginnen mit dem vierten Flugzeug im Juli/August 1978.
Bemerkungen: Seit die Falcon 50 erstmals bekanntgegeben worden war (siehe Ausgabe 1975), sind vor allem die Flügel geändert und ein siebtes Kabinenfenster eingebaut worden. Der neue Flügel ist dicker und weniger stark gepfeilt, besitzt aber eine grössere Spannweite als früher. Ursprünglich sollte die Falcon 50 mit dem Rumpf, dem Flügel und dem Höhenleitwerk der Falcon 20 Serie F (siehe Ausgabe 1974) ausgerüstet werden, und der Entscheid, diesen Entwurf grundlegend zu überarbeiten, verzögerte den geplanten Ablieferungsbeginn um ein Jahr. Mitte 1979 soll ein monatlicher Ausstoss von drei Falcon 50 erreicht werden und das 25. Serienflugzeug Ende dieses Jahres ausgeliefert sein.
Hersteller: Avions Marcel Dassault-Breguet Aviation, Vaucresson, Frankreich.

DASSAULT-BREGUET FALCON 50

Abmessungen: Spannweite 18,85 m, Länge 18,30 m, Höhe 5,70 m, Flügelfläche 46,0 m².

DASSAULT-BREGUET MIRAGE 50

Ursprungsland: Frankreich.
Kategorie: Einsitziges Mehrzweck-Kampfflugzeug.
Triebwerke: Ein Strahltriebwerk SNECMA Atar 9K-50 von 5000 kp Standschub ohne und 7200 kp mit Nachbrenner.
Leistungen: Höchstgeschw. ohne Aussenlasten 1335 km/h oder Mach 1.1 auf Meereshöhe, 2335 km/h oder Mach 2.2 auf 12 000 m; ungefährer Aktionsradius mit 900 kg Aussenlasten (Einsatzprofil hoch-tief-hoch) 1370 km, bzw. 675 km (Einsatzprofil tief-tief-tief); 4,4 Min. auf 12 000 m und Mach 1,8 mit zwei Luft-Luft-Lenkwaffen Magic.
Gewichte: Rüstgewicht 9900 kg; max. Startgewicht 13 700 kg.
Bewaffnung: Zwei 30-mm-Kanonen DEFA 5-52 zu je 125 Schuss und Aussenlasten (Waffen oder Zusatztreibstoff) bis zu 4200 kg, verteilt unter sieben Aufhängepunkte.
Entwicklungsstand: Jungfernflug der Mirage 50, des umgebauten Mirage Milan-Prototyps, im Laufe von 1974. Prototyp der Serienausführung dürfte 1976 erstmals fliegen.
Bemerkungen: Die Mirage 50 besteht aus der Zelle der Mirage 5 (siehe Ausgabe 1975) und dem Triebwerk Atar 9K-50, welches ursprünglich für die Mirage F.1 (siehe Seiten 70—71) entwickelt worden war. Dazu kommen eine fortschrittlichere Avionik und Verbesserungen in der Bewaffnung. Das Triebwerk Atar 9K-50 bietet einen beträchtlichen Gewinn an Schubleistung (16 % mehr für den Start mit Nachbrenner, 10 % mehr bei Mach 2.0 auf 11 000 m) trotz niedrigerem spezifischen Treibstoffverbrauch im Vergleich zum Atar 9C der Mirage 5, was sich in bis zu 22 % kürzeren Startstrekken bei Vollast und 30 % besseren Steigleistungen auswirkt. Modifizierte Lufteinlässe für höheren Luftdurchsatz; verstärktes Fahrwerk.
Hersteller: Avions Marcel Dassault-Breguet Aviation, Vaucresson, Frankreich.

DASSAULT-BREGUET MIRAGE 50

Abmessungen: Spannweite 8,22 m, Länge 15,55 m, Höhe 4,50 m, Flügelfläche 34,9 m².

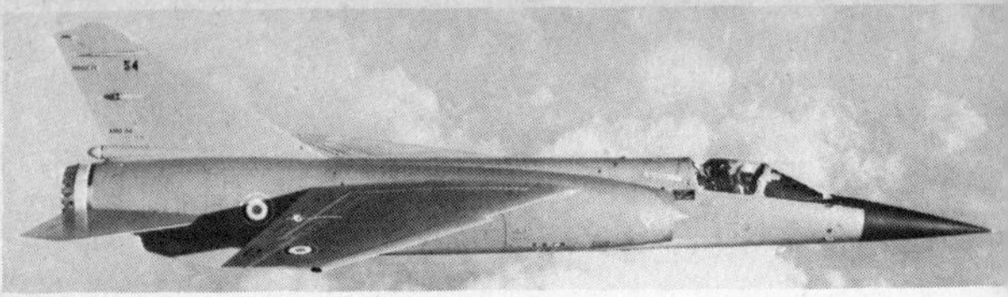

DASSAULT BREGUET MIRAGE F1

Ursprungsland: Frankreich.
Kategorie: Einsitziges Mehrzweckflugzeug.
Triebwerke: Ein Strahltriebwerk SNECMA Atar 9K-50 von 5000 kp Standschub ohne und 7200 kp mit Nachbrenner.
Leistungen: Höchstgeschw. ohne Aussenlasten 1472 km/h oder Mach 1,2 auf Meereshöhe, 2335 km/h oder Mach 2.2 auf 12 000 m; Langstrecken-Reisegeschw. 885 km/h auf 9000 m; max. Reichweite mit Zusatztanks 3300 km, mit Aussenlast von 2000 kg 2300 km; Dienstgipfelhöhe 20 000 m.
Gewichte: Leer 7400 kg; beladen, ohne Aussenlasten 10 900 kg; max. Startgewicht 14 900 kg.
Bewaffnung: Zwei 30-mm-Kanonen DEFA und, für einen Abfangeinsatz, ein bis drei Matra 530 Magic und zwei AIM-9 Sidewinder Luft-Luft-Lenkwaffen.
Entwicklungsstand: Erster von vier Prototypen am 23. Dezember 1966, erstes von 105 für die Armée de l'Air bestellten Serienflugzeugen am 15. Februar 1973 erstmals geflogen. Produktionsrate zu Beginn 1976 vier bis fünf Maschinen pro Monat. Lizenzbau in Südafrika mit Ablieferungsbeginn 1977. Erstflug der F1E (SNECMA Atar M53) am 22. Dezember 1974.
Bemerkungen: Ursprünglich war die Mirage F1 als Abfangjäger für die Armée de l'Air geplant gewesen. Folgende Versionen sollen gebaut werden: F1A und F1E (Erdkämpfer), F1B und F1D (zweisitzige Trainer), sowie F1C (Abfangjäger). 15 Mirages F1 wurden von Spanien bestellt (plus Option für weitere 18), 16 Mirages F1CZ werden seit 1974 an Südafrika abgeliefert, gefolgt von 32 Mirages F1AZ. Weitere Käufer sind Griechenland (40), Kuwait (20 inkl. zwei Doppelsitzer), Libyen (32 Mirages F1A und F1E sowie sechs Doppelsitzer F1B und F1D), und Marokko (25 plus 50 Optionen). Die F1D ist die Trainervariante der F1E.
Hersteller: Avions Marcel Dassault-Breguet Aviation, Vaucresson, Frankreich.

DASSAULT-BREGUET MIRAGE F1

Abmessungen: Spannweite 8,40 m, Länge 15,00 m, Höhe 4,50 m, Flügelfläche 25,0 m².

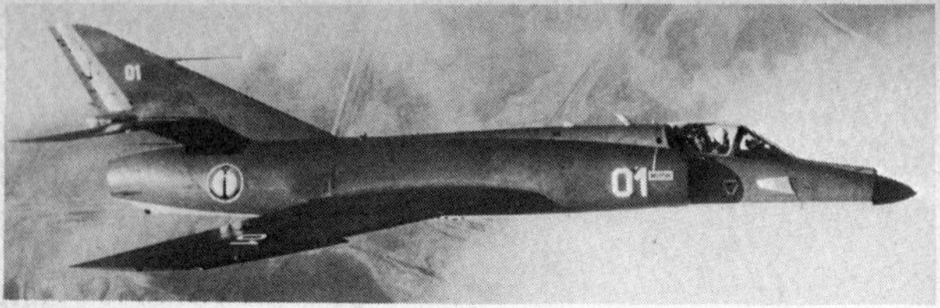

DASSAULT-BREGUET SUPER ETENDARD

Ursprungsland: Frankreich.
Kategorie: Einsitziges bordgestütztes Kampfflugzeug.
Triebwerke: Ein Strahltriebwerk SNECMA Atar 9K-50 von 5000 kp Standschub.
Leistungen: Höchstgeschw. 1200 km/h auf 300 m (Mach 0.97), bzw. 1118 km/h auf 11 000 m (Mach 1.05); Aktionsradius mit 1000 kg Bomben (Einsatzprofil hoch-tief-hoch) 360 km, bzw. 260 km (Einsatzprofil tief-tief-tief); Reichweite mit einer Luft-Boden-Lenkwaffe AM-39 Exocet und 770 kg Bomben 410 km.
Gewichte: Leer 6250 kg; max. Startgewicht für Flugzeugträgerkatapult 11 500 kg; max. Überlast-Startgewicht 12 000 kg.
Bewaffnung: Zwei 30-mm-Kanonen DEFA 552A zu je 122 Schuss sowie eine grosse Auswahl an Aussenlasten bis zum Maximalgewicht von 1815 kg, u. a. Luft-Luft-Lenkwaffen Matra 550 Magic, Luft-Boden-Lenkwaffen AM-39 Exocet, usw. Fünf externe Aufhängepunkte, wovon vier unter den Flügeln und einer unter dem Rumpf.
Entwicklungsstand: Erstes von drei Versuchs- und Entwicklungsflugzeugen Super Etendard (umgebaute Etendard-IV) am 28. Oktober 1974 erstmals geflogen, gefolgt vom zweiten am 28. März und vom dritten am 9. März 1975. Die ersten von 30 bestellten Flugzeuge sollen im März 1977 abgeliefert werden. Es ist vorgesehen, monatlich zwei Super Etendards herzustellen; insgesamt dürften etwa 80—100 Flugzeuge für die französische Aéronavale gebaut werden.
Bemerkungen: Stärkere Version der Etendard IVM mit neuerer Elektronik, einem überarbeiteten Flügel und anderen, kleinen Verbesserungen. Die Super Etendard ist für die beiden Flugzeugträger Foch und Clémenceau bestimmt.
Hersteller: Avions Marcel Dassault-Breguet Aviation, Vaucresson, Frankreich.

DASSAULT-BREGUET SUPER ETENDARD

Abmessungen: Spannweite 9,60 m, Länge 14,31 m, Höhe 3,85 m, Flügelfläche 28,4 m².

DASSAULT-BREGUET/DORNIER ALPHA JET

Ursprungsland: Frankreich und Westdeutschland.
Kategorie: Zweisitziger Erdkämpfer (Westdeutschland) und Fortgeschrittenentrainer (Frankreich).
Triebwerke: Zwei Mantelstromtriebwerke SNECMA/Turboméca Larzac 04 von je 1350 kp Standschub.
Leistungen: Höchstgeschw. 991 km/h auf Meereshöhe, 901 km/h oder Mach 0.85 auf 12 200 m; Aktionsradius 630 km (Einsatzprofil hoch-tief-hoch); max. Flugdauer 2 Std. auf Meereshöhe oder 3 Std. auf 10 000 m; Überführungsreichweite mit Zusatztanks 3057 km; Anfangssteiggeschw. 59 m/Sek.; Dienstgipfelhöhe 13 700 m.
Gewichte: Leergewicht 3150 kg, Rüstgewicht 3475 kg; normales Startgewicht (Trainer) 4890 kg, bzw. 6000 kg (Erdkämpfer). Max. Überlast-Startgewicht 7000 kg.
Bewaffnung: Eine autonome 30-mm-Kanone DEFA 533 oder eine 27-mm-Kanone Mauser zu 150 Schuss, unter dem Rumpf montiert. Erdkampfversion mit vier Flügelstationen, wovon die beiden äusseren je 285 kg, die beiden inneren 570 kg tragen. Max. 2200 kg Aussenlasten.
Entwicklungsstand: Erster von vier Prototypen flog erstmals am 26. Oktober 1973, der letzte am 11. Oktober 1974. Vorgesehen ist der Bau von je rund 200 Einheiten für die Armée de l'Air und die westdeutsche Luftwaffe mit Beginn der Lieferungen im Laufe von 1977. 33 Maschinen wurden von Belgien in Auftrag gegeben und sollten ab November 1978 ablieferungsbereit sein. Voraussichtlich will auch die Türkei eine Anzahl Alpha Jets kaufen.
Bemerkungen: Die Alpha Jet wird auf zwei getrennten Montagestrassen (Toulouse und München) gefertigt.
Hersteller: Avions Marcel Dassault-Breguet Aviation, Frankreich, und Dornier GmbH, Westdeutschland.

DASSAULT-BREGUET/DORNIER ALPHA JET

Abmessungen: Spannweite 9,11 m, Länge 12,29 m, Höhe 4,19 m, Flügelfläche 17,5 m².

DE HAVILLAND CANADA DHC-6 TWIN OTTER 300

Ursprungsland: Kanada.
Kategorie: STOL-Mehrzweck- und Zubringerflugzeug.
Triebwerke: Zwei Propellerturbinen UACL PT6A-27 von je 652 äWPS Leistung.
Leistungen: Max. Reisegeschw. 338 km/h auf 3050 m; Reichweite bei max. Reisegeschw. mit 1475 kg Nutzlast 2000 km, mit 14 Passagieren und 45 Min. Reserven 1255 km; Anfangssteiggeschw. bei 5670 kg Fluggewicht 8,1 m/Sek.; Dienstgipfelhöhe 8140 m.
Gewichte: Rüstgewicht 3180 kg; max. Startgewicht 5670 kg.
Zuladung: Ein bis zwei Mann Besatzung und bis zu 20 Passagiere. Innenausstattungen für 18 oder 19 Passagiere sind ebenfalls erhältlich, auch eine Mehrzweckversion für 13—20 Passagiere.
Entwicklungsstand: Erstes von fünf Vorserienflugzeugen der Serie 100 am 20. Mai 1965 zum Jungfernflug gestartet. Im April 1968 ersetzte die verbesserte Serie 200 die Serie 100; vom 231. Twin Otter an kam die Serie 300 dazu (erste Ablieferung im Frühjahr 1969). Zu Beginn 1976 waren über 500 Twin Otter bestellt gewesen. Monatliche Produktion: 3—4 Flugzeuge.
Bemerkungen: Die Twin Otter der Serien 100 und 200 besitzen PT6A-2P-Propellerturbinen von 579 äWPS Leistung und kürzere Rumpfnasen. 1973 wurde die Serie 300S eingeführt, welche verschiedene Detailverbesserungen aufweist (Spoiler, stärkere Bremsen, Bremsblockierungssperre).
Hersteller: The De Havilland Aircraft of Canada, Ltd., Downsview, Ontario, Kanada.

DE HAVILLAND CANADA DHC-6 TWIN OTTER 300

Abmessungen: Spannweite 19,81 m, Länge 15,77 m, Höhe 5,66 m, Flügelfläche 39,0 m².

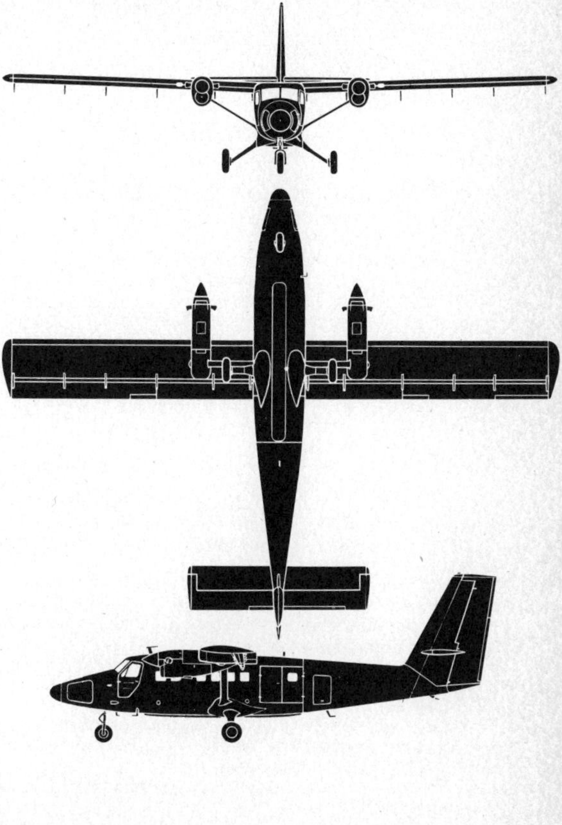

DE HAVILLAND CANADA DHC-7 DASH-7

Ursprungsland: Kanada.
Kategorie: STOL-Kurzstrecken-Verkehrsflugzeug.
Triebwerke: Vier Propellerturbinen Pratt & Whitney (Canada) PT6A-50 von je 1120 WPS Leistung.
Leistungen: Max. Reisegeschw. 452 km/h auf 4570 m; Langstrecken-Reisegeschw. 416 km/h auf 6560 m; Reichweite mit 80 % Leistung und max. Nutzlast, inkl. Reserven 1504 km; max. Reichweite mit 3200 kg Nutzlast 2293 km.
Gewichte: Rüstgewicht 11 730 kg; max. Startgewicht 19 500 kg.
Zuladung: Zwei Mann Besatzung und 50 Passagiere.
Entwicklungsstand: Erstes von zwei Vorserienflugzeugen am 27. März 1975 erstmals geflogen, zweites am 26. Juni 1975. Es wurden keine eigentlichen Prototypen gebaut. Erste Ablieferungen voraussichtlich im Frühjahr 1977 bei einer monatlichen Produktionsrate von vier Flugzeugen. Insgesamt waren zu Beginn 1976 33 Flugzeuge bestellt.
Bemerkungen: Die Dash-7 wird von De Havilland Canada, der Firma United Technologies Corporation (Triebwerkhersteller), sowie der kanadischen Regierung finanziert und ist das Resultat weltweiter Marktforschung für ein Kurzstrecken-Verkehrsflugzeug. Das Flugzeug kann vollbeladen von einer 600 m langen Piste aus operieren, es ist ausserdem mit lärmarmen Triebwerken und Propellern ausgerüstet. Die Zulassung der Dash-7 wird für Ende 1976 erwartet. Unter den Käufern befinden sich Air Alpes, Air West Airlines, Greenlandair, Rocky Mountain Airways und Widerøe.
Hersteller: The De Havilland Aircraft of Canada, Ltd., Downsview, Ontario, Kanada.

DE HAVILLAND CANADA DHC-7 DASH-7

Abmessungen: Spannweite 28,35 m, Länge 24,58 m, Höhe 7,98 m, Flügelfläche 79,9 m^2.

DOMINION SKYTRADER 800

Ursprungsland: USA.
Kategorie: Leichter STOL-Mehrzwecktransporter.
Triebwerke: Zwei Achtzylinder-Boxermotoren Avco Lycoming IO-720-B1A von je 400 PS Startleistung.
Leistungen: Höchstgeschw. 338 km/h; max. Reisegeschw. mit 75 % Leistung 274 km/h auf 3050 m; Reisegeschw. mit 55 % Leistung 241 km/h auf 760 m; max. Reichweite mit 75 % Leistung 1495 km, mit 55 % Leistung 2300 km, und mit Zusatztanks bei 55 % Leistung 3940 km; Dienstgipfelhöhe 5300 m.
Gewichte: Leer 2474 kg; max. Startgewicht 4090 kg.
Zuladung: Ein oder zwei Piloten und 12—13 Passagiere als Zubringer-, sechs als Geschäftsreiseflugzeug. Weitere Versionen als reiner Frachter oder als Wasserbomber.
Entwicklungsstand: Der Prototyp flog erstmals am 21. April 1975. Die Ablieferungen sollen im Frühjahr 1976 beginnen; eine erste Serie von 60 Flugzeugen befindet sich im Bau, wobei monatlich fünf Einheiten fertiggestellt werden sollen.
Bemerkungen: Die Skytrader sollte ursprünglich in Kanada fabriziert werden, doch scheiterte das Unternehmen an der Finanzierung, die in Kanada aufzutreiben anscheinend unmöglich war. Infolgedessen wurde das Werk nach Renton, Washington (USA), verlegt. Die Skytrader wird von der Herstellerfirma als «Buschflugzeug» bezeichnet, und die Zelle ist stark genug ausgebildet, um Triebwerke bis zu 650 PS aufzunehmen. Es lassen sich auch Schwimmer oder Skis montieren.
Hersteller: Dominion Aircraft Corp., Ltd., Renton, Washington, USA.

DOMINION SKYTRADER 800

Abmessungen: Spannweite 16,76 m, Länge 12,81 m, Höhe 5,76 m, Flügelfläche 35,8 m².

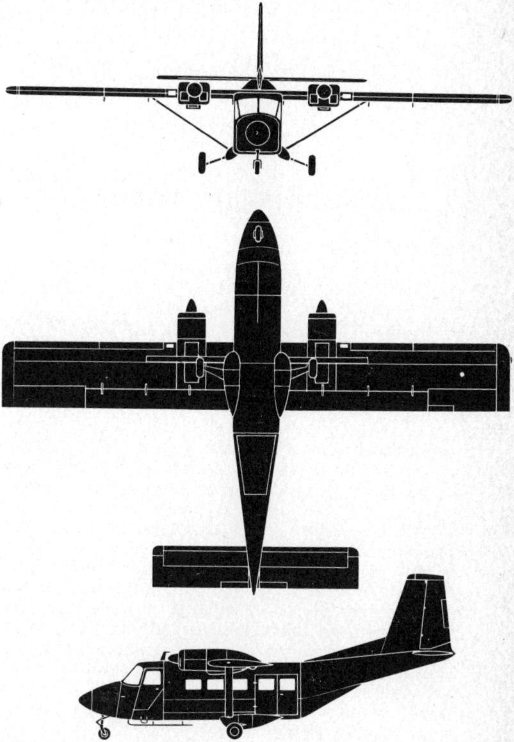

EMBRAER EMB-121 XINGU

Ursprungsland: Brasilien.
Kategorie: Leichtes Geschäftsreiseflugzeug.
Triebwerke: Zwei Propellerturbinen Pratt & Whitney (Canada) PT6A-28 von je 680 WPS Leistung.
Leistungen: Max. Reisegeschw. 470 km/h auf 4600 m; ökonom. Reisegeschw. 450 km/h; Reichweite mit sechs Passagieren inkl. 45 Min. Reserven 2300 km.
Gewichte: Leer 3126 kg; max. Startgewicht 5200 kg.
Zuladung: Zwei Plätze im Cockpit und 6—7 in der Passagierkabine.
Entwicklungsstand: Der erste Prototyp der Xingu hätte gemäss Zeitplan seinen Erstflug im ersten Quartal 1976 durchführen sollen. Als frühester Liefertermin wird der Winter 1977 genannt.
Bemerkungen: Die Xingu ist das erste aus der neuen EMB-12X-Serie von druckbelüfteten Leichtflugzeugen, welche alle aus der EMB-110 Bandeirante (siehe Ausgabe 1975) hervorgegangen sind. Weitere Maschinen aus der geplanten Serie sind die 12-plätzige EMB-123 Tapajós und die 22-plätzige EMB-120 Araguaia. Im Vergleich zur EMB-110 Bandeirante besitzt die Xingu einen kürzeren, druckbelüfteten Rumpf, die Tapajós und die Araguaia einen superkritischen Flügel und je zwei PT6A-45-Propellerturbinen von 1120 WPS Leistung. Die Rumpflänge der Tapajós und der Araguaia betragen 13,30 m bzw. 16,13 m. Beide Flugzeuge dürften im Laufe von 1977 ihre Erstflüge hinter sich bringen.
Hersteller: EMBRAER (Emprêsa Brasileira de Aeronáutica SA), San José dos Campos, Brasilien.

EMBRAER EMB-121 XINGU

Abmessungen: Spannweite 14,02 m, Länge 12,52 m, Höhe 4,72 m.

FAIRCHILD A-10A

Ursprungsland: USA.
Kategorie: Einsitziges Erdkampfflugzeug.
Triebwerke: Zwei Mantelstromtriebwerke General Electric TF34-GE-100 von je 4110 kp Standschub.
Leistungen: Höchstgeschw. ohne Aussenlasten 722 km/h auf Meereshöhe, mit sechs Mk.82-Bomben unter den Flügeln 729 km/h auf 1500 m; Reisegeschw. 555 km/h auf Meereshöhe; Einsatzradius (Kampfmission) 1000 km, bzw. 800 km (Aufklärung); Einsatzradius für Luftunterstützung der Bodentruppen, inkl. 2,2 Std. Aufenthalt im Kampfgebiet und 20 Min. Reserven 463 km; Überführungsreichweite 4647 km; max. Anfangssteiggeschw. (13 628 kg Fluggewicht) 30,5 m/Sek.
Gewichte: Leer 9176 kg; max. Startgewicht 21 150 kg.
Bewaffnung: Eine siebenläufige 30-mm-Revolverkanone General Electric GAU-8/A zu 1350 Schuss und bis zu 7260 kg Aussenlasten, verteilt unter 11 externe Aufhängepunkte (acht unter den Flügeln und drei unter dem Rumpf). Typische Bewaffnung besteht aus 4330 kg Aussenlasten, 1000 kg Munition (intern) und 4830 kg Treibstoff.
Entwicklungsstand: Die beiden Prototypen flogen erstmals am 10. Mai 1972 bzw. am 21. Juli 1972, erstes von sechs Vorserienflugzeugen am 15. Februar 1975. Die gegenwärtige Bestellung der USAF lautet auf 52 Flugzeuge, doch wird der Totalbedarf auf rund 700 Einheiten geschätzt. Erstflug der ersten Serienmaschine am 21. Oktober 1975. Die erste A-10A-Staffel wurde im Februar 1976 gegründet.
Bemerkungen: Gewinner des A-X-Wettbewerbs für ein Erdkampfflugzeug der USAF.
Hersteller: Fairchild Industries Inc., Fairchild Republic Division, Farmingdale, Long Island, New York, USA.

FAIRCHILD A-10A

Abmessungen: Spannweite 17,53 m, Länge 16,26 m, Höhe 4,47 m, Flügelfläche 47,0 m².

FOKKER F.27 FRIENDSHIP 500

Ursprungsland: Niederlande.
Kategorie: Kurz- und Mittelstrecken-Verkehrsflugzeug.
Triebwerke: Zwei Propellerturbinen Rolls-Royce Dart 532-7 von je 2250 äWPS Leistung.
Leistungen: Max. Reisegeschw. 518 km/h auf 6100 m; normale Reisegeschw. bei 17 240 kg Fluggewicht 480 km/h auf 6100; Reichweite mit max. Nutzlast 1075 km; Reichweite mit 4390 kg Nutzlast 1805 km; Anfangssteiggeschw. bei max. Startgewicht 6,1 m/Sek.; Dienstgipfelhöhe bei 17 240 kg Fluggewicht 9000 m.
Gewichte: Leer 11 288 kg; Rüstgewicht 11 771 kg; maximales Startgewicht 20 410 kg.
Zuladung: Zwei bis drei Mann Besatzung und 52—56 Passagiere.
Entwicklungsstand: Erstflug der Friendship 500 am 15. November 1967. Es werden nur noch Friendships der Serien 500 und 600 gebaut. Zu Beginn 1976 lagen Bestellungen für 648 Friendships vor (inkl. 205 Lizenzflugzeuge von Fairchild). Produktionsrate zwei Flugzeuge pro Monat.
Bemerkungen: Im Vergleich zur Friendship 200 (siehe Ausgabe 1968), dem Grundmuster der F.27, besitzt die Serie 500 einen um 1,50 m längeren Rumpf. Die Serie 400 «Combiplane» (siehe Ausgabe 1966) und ihr militärisches Gegenstück, die Serie 400M (siehe Abbildung), sind für den kombinierten Personen/Frachttransport gedacht und wurden aus der Serie 200 abgeleitet. Die Friendship 600 ist mit der 400 identisch, besitzt aber keinen verstärkten und wasserdichten Kabinenboden. Marinepatrouillenversion im Bau.
Hersteller: Fokker-VFW NV, Schiphol-Oost, Amsterdam, Niederlande.

FOKKER F.27 FRIENDSHIP 500

Abmessungen: Spannweite 29,00 m, Länge 25,05 m, Höhe 8,71 m, Flügelfläche 70,0 m^2.

FOKKER F.28 FELLOWSHIP MK.6000

Ursprungsland: Niederlande.
Kategorie: Kurzstrecken-Verkehrsflugzeug.
Triebwerke: Zwei Mantelstromtriebwerke Rolls-Royce RB.183-2 Spey Mk.555-15H von je 4470 kp Standschub.
Leistungen: Max. Reisegeschw. 843 km/h auf 7000 m; ökonom. Reisegeschw. 678 km/h auf 9150 m; Reichweite (mit max. Reisegeschw.) 1667 km, bzw. 1908 km (mit Langstrecken-Reisegeschw.); Gipfelhöhe 10 670 m.
Gewichte: Rüstgewicht 17 393 kg; max. Startgew. 32 100 kg.
Zuladung: Zwei bis drei Mann Besatzung. Verschiedene Innenausstattungen für 55, 60, 65 oder 79 Passagiere.
Entwicklungsstand: Der Prototyp der Fellowship Mk.6000 (Rumpf der Mk.2000 und modifizierte Flügel der Mk.1000) flog am 27. September 1973 erstmals, und die erste Serienmaschine Mk.6000 erhielt am 5. November 1975 ihr Lufttüchtigkeitszeugnis. Zu Beginn 1976 waren insgesamt 107 Fellowships aller Versionen bestellt worden und zum Teil bereits abgeliefert. Monatliche Produktionsrate zwei Einheiten.
Bemerkungen: Die Fellowship Mk.6000 ist eine neue Variante der gestreckten Mk.2000 und besitzt bessere Kurzstarteigenschaften und Nutzlast-Streckenleistungen als diese. Die Flügelspannweite wurde um 1,51 m vergrössert, dreiteilige Vorflügel montiert und eine stärkere, aber leisere Version des Spey-Triebwerkes eingebaut. In ähnlicher Weise soll auch die Mk.1000 modifiziert werden; ihre Bezeichnung: Mk.5000. Die Mk.5000 wird mit grossem Frachttor lieferbar sein. Neustes Projekt: die F.28-2 mit neuem Flügel und längerem Rumpf.
Hersteller: Fokker-VFW NV, Schiphol-Ost, Amsterdam, Niederlande.

FOKKER F.28 FELLOWSHIP MK.6000

Abmessungen: Spannweite 25,07 m, Länge 29,61 m, Höhe 8,47 m, Flügelfläche 79,0 m².

FUJI KM-2B

Ursprungsland: Japan.
Kategorie: Zweisitziger Grundschultrainer.
Triebwerke: Ein Sechszylinder-Boxermotor Avco Lycoming IGSO-A1A6 von 340 PS Startleistung.
Leistungen: Höchstgeschw. 376 km/h auf 4900 m; max. Reisegeschw. 328 km/h auf 2400 m; ökonomische Reisegeschw. 254 km/h auf 2400 m; max. Reichweite 1037 km; max. Steigleistung 7,6 m/Sek.; Dienstgipfelhöhe 8200 m.
Gewichte: Leer 1120 kg; max. Startgewicht 1510 kg.
Entwicklungsstand: Erstflug des Prototyps am 26. September 1974. Baubeginn für die erste Vorserie von 12 Flugzeugen 1976. Die japanischen Luftstreitkräfte dürften rund 60 Flugzeuge dieses Typs benötigen.
Bemerkungen: Die KM-2B ist das Resultat von zwei Jahrzehnten der Weiterentwicklung der in Lizenz gebauten Beech B45 Mentor. Fuji hatte 126 dieser Flugzeuge gebaut und weitere 50 aus Einzelteilen zusammengesetzt. Eine erste Weiterentwicklung der Mentor, die Fuji LM-1 Nikko, flog erstmals im Juli 1955, und wurde in 27 Exemplaren für die japanische Armee hergestellt. Die stärkere KM Super Nikko war im Dezember 1958 fertiggestellt; sie fliegt heute in 28 Exemplaren für die japanische Marine als KM-2. Im Unterschied zu allen andern Mentor-Versionen ist die KM-2 Vierplätzer mit je zwei Sitzen nebeneinander. Die hier beschriebene KM-2B ist eine Kombination der alten Mentor-Zelle mit dem stärkeren Triebwerk der KM-2, plus einigen Detailverbesserungen.
Hersteller: Fuji Heavy Industries Ltd., Shinjuku-ku, Tokio, Japan.

FUJI KM-2B

Abmessungen: Spannweite 10,00 m, Länge 8,04 m, Höhe 3,02 m, Flügelfläche 16,5 m^2.

GAF NOMAD

Ursprungsland: Australien.
Kategorie: STOL-Mehrzwecktransporter.
Triebwerke: Zwei Propellerturbinen Allison 250-B17B von je 400 WPS Leistung.
Leistungen (N22B): Max. Reisegeschw. 311 km/h auf Meereshöhe, bzw. 315 km/h auf 1500 m; Langstrecken-Reisegeschw. 269 km/h; Reichweite inkl. 45 Min. Reserven, mit 1540 kg Nutzlast, 93 km, mit 779 kg Nutzlast 1593 km; Anfangssteiggeschw. 7,2 m/Sek.; Dienstgipfelhöhe 6860 m.
Gewichte (N22B): Rüstgew. 2120 kg; max. Startgew. 3865 kg.
Zuladung: Ein bis zwei Mann Besatzung und bis zu 12 Passagiere, N24 bis 15 Passagiere. Als Frachter 1740 kg Nutzlast.
Entwicklungsstand: Die beiden Prototypen der Nomad 22 flogen erstmals am 23. Juli 1971, bzw. am 5. Dezember 1971, das erste Serienflugzeug im Mai 1975, mit Beginn der Ablieferungen (N22B) im September 1975. Jungfernflug der ersten N24 (mit längerem Rumpf) im Juli 1975. Gegenwärtig wird die Produktionsrate von monatlich drei auf vier Flugzeuge gesteigert; die Bestellungen zu Beginn 1976 überstiegen 60 Einheiten.
Bemerkungen: Zurzeit werden die Versionen N22 «Mission Master» für die australische Armee, die indonesische Marine, die peruanische Armee, sowie die philippinische Luftwaffe, die zivile N22B (u. a. für Sabah Air), und die «gestreckte» N24 hergestellt. Die N24 besitzt einen um 1,09 m längeren Rumpf mit entsprechend geräumigerer Kabine.
Hersteller: Government Aircraft Factories, Melbourne, Victoria, Australien.

GAF NOMAD

Abmessungen: Spannweite 16,46 m, Länge 12,57 m, Höhe 5,52 m, Flügelfläche 30,1 m².

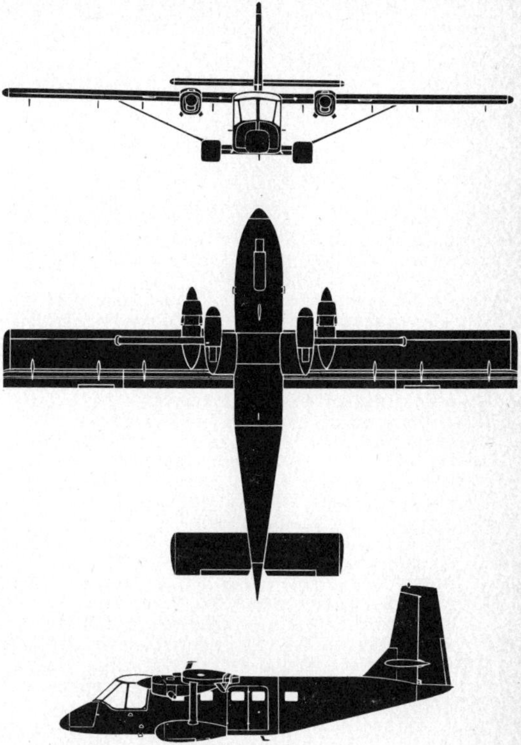

GATES LEARJET 35A

Ursprungsland: USA.
Kategorie: Leichtes Geschäftsreiseflugzeug.
Triebwerke: Zwei Mantelstromtriebwerke Garrett-AiResearch TFE-731-2 von je 1590 kp Standschub.
Leistungen: Höchstgeschw. 910 km/h oder Mach 0,83; max. Reisegeschw. 859 km/h; normale Reisegeschw. 816 km/h; Reichweite mit vier Passagieren, inkl. 45 Min. Reserven, 4600 km; Anfangssteiggeschw. 25,9 m/Sek.; Steigzeit auf 12 500 m 18 Min.
Gewichte: Leer 3992 kg; max. Startgewicht 7700 kg.
Zuladung: Ein bis zwei Piloten und 7—8 Passagiere.
Entwicklungsstand: Jungfernflug des Prototyps der Learjet 35 am 22. August 1973, erste Kundenlieferungen im November 1974. Ab Sommer 1976 soll die Learjet 35A die 35 auf der Montagestrasse ablösen. Die Learjet 35A gehört zur sogenannten «Century III»-Serie von Lear.
Bemerkungen: Die «Century III»-Serie wurde Ende Oktober 1975 bekanntgegeben. Die Flugzeuge dieser Serie, welche ab Mitte 1976 lieferbar sind, weisen ein modifiziertes Flügelprofil und andere aerodynamische Verbesserungen auf. Sechs Learjet-Modelle gehören dazu: die Learjet 24E und 24F mit General Electric CJ610-6-Triebwerken von je 1340 kp Leistung, die Learjet 25D und 25F mit denselben Triebwerken, jedoch mit einem um 1,27 m längeren Rumpf, sowie die Learjet 35A und 36A mit Mantelstromtriebwerken und etwas grösseren Abmessungen. Im Vergleich zur Learjet 35A besitzt die Learjet 36A eine vergrösserte Treibstoffkapazität und eine Reichweite von 5488 km mit vier Passagieren.
Hersteller: Gates Learjet Corp., Municipal Airport, Wichita, Kansas, USA.

GATES LEARJET 35A

Abmessungen: Spannweite 12,09 m, Länge 14,83 m, Höhe 3,73 m, Flügelfläche 23,5 m².

GENERAL DYNAMICS F-16

Ursprungsland: USA.
Kategorie: Einsitziger Luftüberlegenheitsjäger (F-16A) und zweisitziger, operationeller Trainer (F-16B).
Triebwerke: Ein Mantelstromtriebwerk Pratt & Whitney F100-PW-100(3) von 11 340 kp Standschub mit Nachbrenner.
Leistungen: Höchstgeschw. (mit zwei Sidewinder Luft-Luft-Lenkwaffen) 2020 km/h auf 11 000 m (Mach 1.95), bzw. 1472 km/h auf Meereshöhe (Mach 1.2); Aktionsradius (typischer Einsatz hoch-tief-hoch mit sechs Mk.82-Bomben, ohne Aussentanks) 550 km; Überführungsreichweite über 3700 km; Anfangssteiggeschw. 315 m/Sek.; Dienstgipfelhöhe 16 000 m.
Gewichte: Rüstgewicht 6395 kg; beladen, ohne Aussentanks, 10 070 kg; max. Startgewicht 15 000 kg.
Bewaffnung: Eine 20-mm-Revolverkanone M-61A-1 Vulcan zu 500 Schuss und bis zu 4990 kg Aussenlasten, verteilt auf neun externe Aufhängepunkte (zwei an den Flügelspitzen), sechs unter den Flügeln und einer unter dem Rumpf). Bei reduzierter Treibstoffzuladung können bis zu 6900 kg Aussenlasten mitgeführt werden.
Entwicklungsstand: Jungfernflug des ersten von zwei Prototypen am 20. Januar 1974, des ersten von acht Vorserienflugzeugen (sechs Einsitzer F-16A und zwei Doppelsitzer F-16B) Ende 1976. Rund 650 Einheiten dieses Typs werden allein von der USAF benötigt. Weitere 348 Maschinen sind von den vier NATO-Staaten Holland (84 plus 18 Optionen), Belgien (102 plus 14 Optionen), Dänemark (48 plus 10 Optionen) und Norwegen (72) bestellt. Spanien dürfte ebenfalls 72 Exemplare erhalten. Die erste Serien-F-16 soll im August 1978 fertiggestellt sein.
Bemerkungen: Gewinner des ACF-(Air Combat Fighter) Wettbewerbs der USAF.
Hersteller: General Dynamics Corp., Convair Aerospace Division, Fort Worth, Texas, USA.

GENERAL DYNAMICS F-16

Abmessungen: Spannweite 9,45 m, Länge 14,52 m, Höhe 5,01 m, Flügelfläche 27,9 m².

GRUMMAN A-6E INTRUDER

Ursprungsland: USA.
Kategorie: Zweisitziges bordgestütztes Tiefangriffsflugzeug.
Triebwerke: Zwei Strahltriebwerke Pratt & Whitney J52-P-8A/B von je 4220 kp Standschub.
Leistungen: Höchstgeschw. ohne Aussenlasten 1052 km/h oder Mach 0.86 auf Meereshöhe, 1006 km/h oder Mach 0.94 auf 11 000 m; Höchstgeschw. mit 81 Snakeye-Bomben 896 km/h auf 1500 m; Aktionsradius ohne Aussenlasten 3733 km (bei 776 km/h auf 11 500—13 600 m).
Gewichte: Leer 11 795 kg; max. Startgewicht (normaler Start) 27 420 kg, bzw. 26 605 kg (Katapultstart).
Bewaffnung: Max. Aussenlasten von 6800 kg, verteilt auf fünf Aufhängepunkte (vier unter dem Flügel und einer unter dem Rumpf zu je 1635 kg)
Entwicklungsstand: Die gegenwärtig produzierte Version der Intruder, die A-6E, flog erstmals am 27. Februar 1970. Im September 1975 waren 66 neue A-6E gebaut und 104 ältere Intruder (A-6A) auf den A-6E-Standard gebracht worden. Laut Zeitplan sollten bis Februar 1976 94 neue A-6E geliefert sein. Der Umbau von insgesamt 228 A-6A zu A-6E dauert voraussichtlich bis 1979.
Bemerkungen: Alle Intruder der US Navy und des US Marine Corps werden fortlaufend auf den A-6E-Standard gebracht; diese Anpassungen umfassen den Einbau des TRAM-Zielerkennungsgeräts (Target Recognition Attack Multisensor), des FLIR-Infrarotsensors (Forward-Looking Infra-Red), des CAINS-Inertial-Navigationssystems (Carrier Airborne Inertial Navigation System), sowie Vorrichtungen zur Verwendung der Lenkwaffe Rockwell AGM-53A Condor (siehe Abbildung).
Hersteller: Grumman Aerospace Corp., Bethpage, New York, USA.

GRUMMAN A-6E INTRUDER

Abmessungen: Spannweite 16,15 m, Länge 16,69 m, Höhe 4,93 m, Flügelfläche 49,1 m².

GRUMMAN E-2C HAWKEYE

Ursprungsland: USA.
Kategorie: Bordgestütztes Frühwarn- und Aufklärungsflugzeug sowie fliegende Kommandozentrale.
Triebwerke: Zwei Propellerturbinen Allison T56-A-422 von je 4910 äWPS Leistung.
Leistungen: Höchstgeschw. 602 km/h; normale Reisegeschw. 499 km/h; Einsatzdauer 7 Std., in einer Entfernung von 370 km vom Stützpunkt 5 Std.; Arbeitsgeschw. 259 km/h; Überführungsreichweite 2583 km; Dienstgipfelhöhe 9400 m.
Gewichte: Leer 17 090 kg; max. Startgewicht 23 390 kg.
Zuladung: Zwei Piloten und drei Mann im Einsatzraum.
Entwicklungsstand: Erster von zwei E-2C-Prototypen am 20. Januar 1971 erstmals geflogen, erstes Serienflugzeug am 23. September 1972. Zu Beginn 1976 waren 28 Flugzeuge geliefert und sechs weitere in Fabrikation. Vier E-2C sind von Israel in Auftrag gegeben worden.
Bemerkungen: Die E-2C ist die neuste Version der Hawkeye, welche erstmals am 21. Oktober 1960 in Form eines aerodynamischen Prototyps (ohne Ausrüstung) flog. 59 Einheiten der ersten Serienversion E-2A (siehe Ausgabe 1968) wurden geliefert; sie erhielten später eine neuzeitlichere Elektronik und die Bezeichnung E-2B. Der Prototyp der E-2B startete am 20. Februar 1969 zu seinem Jungfernflug. Mit der 34. Serienmaschine E-2C beginnt der Einbau des ARPS-Systems (Advanced Radar Processing System), das nachträglich alle früher hergestellten E-2C erhalten sollen.
Hersteller: Grumman Aerospace Corp., Bethpage, New York, USA.

GRUMMAN E-2C HAWKEYE

Abmessungen: Spannweite 24,56 m, Länge 17,55 m, Höhe 5,59 m, Flügelfläche 65,0 m^2.

GRUMMAN F-14A TOMCAT

Ursprungsland: USA.
Kategorie: Zweisitziges bordgestütztes Mehrzweck-Kampfflugzeug.
Triebwerke: Zwei Mantelstromtriebwerke Pratt & Whitney TF30-P-412A von je 9480 kp Standschub mit Nachbrenner.
Leistungen: Höchstgeschw. ohne Aussenlasten 2486 km/h oder Mach 2,34 auf 12 200 m; Höchstgeschw. mit vier AIM-7-Lenkwaffen bei einem Fluggewicht von 25 000 kg und ohne Zusatztanks 1470 km/h oder Mach 1.2 auf Meereshöhe; Aktionsradius mit internem Treibstoff, vier AIM-7-Lenkwaffen und zwei Min. Luftkampf auf 3000 m 725 km; Steigzeit auf 18 300 m bei einem Fluggewicht von 25 000 kg 2,1 Min.
Gewichte: Leer 18 176 kg; normales Startgewicht (interner Treibstoff und vier AIM-7-Lenkwaffen) 25 000 kg; maximales Startgewicht 31 100 kg.
Bewaffnung: Eine 20-mm-Revolverkanone M-61A1 und (für Abfangeinsatz) sechs AIM-7E/F Sparrow und vier AIM-9G/H Sidewinder, oder sechs AIM-54A Phoenix- und zwei AIM-9G/H Sidewinder-Luft-Luft-Lenkwaffen; für Erdkampfeinsatz vierzehn Mk.82-, acht Mk.83-, oder vier Mk.84-Bomben.
Entwicklungsstand: Erstes von zwölf Versuchsflugzeugen am 21. Dezember 1970 zum Jungfernflug gestartet. Insgesamt sind 378 Tomcats für die US Navy bestellt, wovon bereits 190 Maschinen geliefert sind. Ab Januar 1976 erhält Iran 80 Tomcats. Gegenwärtiger monatlicher Ausstoss: 6—7 Flugzeuge pro Monat.
Bemerkungen: Erster von zwei Prototypen der Variante F-14B mit zwei Pratt & Whitney F401-PW-400 (je 12 745 kp Standschub) am 12. September 1973 erstmals geflogen.
Hersteller: Grumman Aerospace Corp., Bethpage, New York, USA.

GRUMMAN F-14A TOMCAT

Abmessungen: Spannweite 11,45—19,55 m, Länge 18,90 m, Höhe 4,88 m, Flügelfläche 52,5 m^2.

HAWKER SIDDELEY 125 SERIE 600

Ursprungsland: Grossbritannien.
Kategorie: Leichtes Geschäftsreiseflugzeug.
Triebwerke: Zwei Mantelstromtriebwerke Rolls-Royce Viper 601 von je 1700 kp Standschub.
Leistungen: Max. Reisegeschw. 834 km/h auf 8230 m; Langstrecken-Reisegeschw. 810 km/h auf 12 200 m; max. Reichweite mit 725 kg Nutzlast inkl. Reserven 3020 km, mit 1070 kg Nutzlast 2872 km; max. Anfangssteiggeschw. 24,9 m/Sek.
Gewichte: Leer 5510 kg; max. Startgewicht 11 340 kg.
Zuladung: Zwei Mann Besatzung und, je nach Innenausstattung, 8—14 Passagiere.
Entwicklungsstand: Die beiden Prototypen flogen am 21. Januar 1971 und am 25. November 1971 erstmals. Anfangs 1973 wurde die Serienherstellung aufgenommen. Im Februar 1975 lagen insgesamt 52 Bestellungen vor. Von den Vorgängermustern wurden 271 Einheiten (inkl. zwei Prototypen) hergestellt.
Bemerkungen: Die Hawker Siddeley 125 Serie 600 ist die neuste Serienversion der HS 125 und ersetzt ihre Vorgängerin der Serie 400, welche um 94 cm kürzer und auch etwas schwächer (zwei RR Viper 522 von je 1525 kp) ist. Detailverbesserungen betreffen eine neue Rumpfnase, eine andere Rumpfkontur über dem Cockpit, und ein höheres Seitenleitwerk. Für den nordamerikanischen Markt bestimmte Flugzeuge tragen die Bezeichnung Serie 600A, für die übrige Welt Serie 600B. Ausserdem fliegen zwei Maschinen bei der RAF als CC.Mk.2 (Verbindungsflugzeuge). 1976 dürfte die neuste Version, die Serie 700, ausgerüstet mit zwei Mantelstromtriebwerken Garrett AiResearch TFE 731, erstmals fliegen.
Hersteller: Hawker Siddeley Aviation Ltd., Kingston-upon-Thames, Surrey, Grossbritannien.

HAWKER SIDDELEY 125 SERIE 600

Abmessungen: Spannweite 14,32 m, Länge 15,37 m, Höhe 5,26 m, Flügelfläche 32,8 m^2.

HAWKER SIDDELEY 748 SERIE 2A

Ursprungsland: Grossbritannien.
Kategorie: Kurz- und Mittelstrecken-Verkehrsflugzeug.
Triebwerke: Zwei Propellerturbinen Rolls-Royce Dart R.Da.7 Mk.732-2L von je 2280 äWPS Leistung.
Leistungen: Höchstgeschw. bei 18 145 kg Fluggewicht 502 km/h auf 4880 m; max. Reisegeschw. 462 km/h auf 4570 m; ökonom. Reisegeschw. 430 km/h auf 6100 m; Langstrecken-Reisegeschw. 418 km/h auf 7600 m, maximale Reichweite mit 45 Min. Reserven 3370 km, mit max. Nutzlast und denselben Reserven 1480 km.
Gewichte: Rüstgewicht 11 504 kg; max. Startgew. 20 180 kg.
Zuladung: Zwei Mann Besatzung und 40—58 Passagiere.
Entwicklungsstand: Erster Prototyp am 24. Juni 1960, erste Serienmaschine (Serie 1) am 30. August 1961 erstmals geflogen. Ab 1962 ersetzte die Serie 2 die Serie 1, welche wiederum ab Mitte 1967 von der Serie 2A abgelöst wurde. Zu Beginn 1976 waren 309 HS 748 bestellt gewesen.
Bemerkungen: Lizenzbau in Indien ,durch HAL (Hindustan Aeronautics Ltd., Kanpur Division) für Indian Airlines (17 Serie 2) und die indische Luftwaffe (vier Serie 1 und 58 Serie 2), wovon 10 Flugzeuge erst 1975 in Auftrag gegeben worden waren. Die HS 748 Serie 2C, deren Prototyp am 31. Dezember 1971 erstmals flog, unterscheidet sich von der Serie 2A durch ein grosses Frachttor. Eine der neuesten Bestellungen für die Militärversion der HS 748 stammt von der belgischen Luftwaffe, die drei Frachter der Serie 2A benötigt; sie werden voraussichtlich Anfang 1976 zur Ablieferung gelangen.
Hersteller: Hawker Siddeley Aviation Ltd., Kingston-upon-Thames, Surrey, Grossbritannien.

HAWKER SIDDELEY 748 SERIE 2A

Abmessungen: Spannweite 30,02 m, Länge 20,42 m, Höhe 7,57 m, Flügelfläche 75,4 m^2.

HAWKER SIDDELEY BUCCANEER S.MK.2B

Ursprungsland: Grossbritannien.
Kategorie: Zweisitziges Tiefangriffs- und Aufklärungsflugzeug.
Triebwerke: Zwei Mantelstromtriebwerke Rolls-Royce RB. 168-1A Spey Mk.101 von je 5035 kp Standschub.
Leistungen (geschätzt): Höchstgeschw. 1040 km/h oder Mach 0.85 auf 75 m, 998 km/h oder Mach 0.75 auf 915 m; Aktionsradius mit internem Treibstoff 800—970 km (Einsatzprofil hoch-tief-hoch).
Gewichte: Max. Startgewicht 26 760 kg.
Bewaffnung: Maximale Zuladung 7260 kg. Vier 230-kg-Bomben, vier 245-kg-Bomben, oder vier 450-kg-Bomben im internen Waffenschacht und drei 450-kg-Bomben oder sechs 230-kg-Bomben an jeder der vier Flügelstationen.
Entwicklungsstand: Erste von 42 Buccaneers S.Mk.2B für die RAF flog am 8. Januar 1970; die Produktion läuft weiter. Ein Teil der 84 S.Mk.2, die HS für die Royal Navy baute, werden für den RAF-Gebrauch zu S.Mk.2A umgebaut und später auf den S.Mk.2B-Standard gebracht.
Bemerkungen: Die Modifikation einer S.Mk.2 zur S.Mk.2A umfasst Änderungen in der Elektronik, den Bordsystemen und in der übrigen Ausrüstung; Flügel und Flügelstationen werden der Martel-Lenkwaffe angepasst (entsprechende Royal-Navy-Versionen als S.Mk.2D bekannt). Die S.Mk.2B besitzt einen 1930-l-Zusatztank unter dem Waffenschacht (siehe Dreiseitenriss) und ein verstärktes Fahrwerk. Zwei Buccaneers S.Mk.2 sind von der Marshall of Cambridge (Engineering) Ltd. als Testflugzeuge zur Entwicklung der Avionikausrüstung des Panavia MRCA umgebaut worden.
Hersteller: Hawker Siddeley Aviation Ltd., Kingston-upon-Thames, Surrey, Grossbritannien.

HAWKER SIDDELEY BUCCANEER S.MK.2B

Abmessungen: Spannweite 13,41 m, Länge 19,33 m, Höhe 4,95 m, Flügelfläche 47,8 m^2.

HAWKER SIDDELEY HARRIER G.R.MK.3

Ursprungsland: Grossbritannien.
Kategorie: Einsitziges V/STOL-Kampf- und Aufklärungsflugzeug.
Triebwerke: Ein Schwenkdüsen-Mantelstromtriebwerk Rolls-Royce Bristol Pegasus 103 von 9760 kp Standschub.
Leistungen: Höchstgeschw. 1160 km/h oder Mach 0.95 auf 300 m, mit typischer Aussenlast 1030—1060 km/h oder Mach 0.85—0.87 auf 300 m; Reisegeschw. 900 km/h oder Mach 0.8 auf 610 m; Aktionsradius (Einsatzprofil hoch-tief-hoch) 418 km, mit zwei 455-l-Aussentanks 644 km.
Gewichte: Leer 5624 kg; max. Startgewicht für Senkrechtstart 8165 kg, für Kurzstart 10 500 kg; ungefähres maximales Startgewicht für konventionellen Start 11 800 kg.
Bewaffnung: Einbau von zwei 30-mm-Aden-Kanonen zu je 130 Schuss möglich. Max. 2270 kg Aussenlasten.
Entwicklungsstand: Jungfernflug des ersten von sechs Vorserienflugzeugen am 31. August 1966, der ersten von 77 Serien-Harriers G.R.Mk.1 am 28. Dez. 1967. Augenblicklich läuft die Serienherstellung von 102 Harrier Mk.50 (Exportversion der G.R.Mk.3) und acht Doppelsitzern Mk.54 für das US Marine Corps sowie von sechs Mk.50 und zwei Mk.54 für Spanien. Bestellungen für weitere 15 G.R.Mk.3 im März 1973.
Bemerkungen: Die Harriers der RAF werden nachträglich mit dem Triebwerk Pegasus 102 versehen und tragen dann die Bezeichnung Harrier G.R.Mk.1A und T.Mk.2A. Später sollen sie das Pegasus 103 erhalten und ausserdem mit einem Laser-Entfernungsmesser ausgerüstet werden (siehe Abbildung); Bezeichnung G.R.Mk.3 und T.Mk.4.
Hersteller: Hawker Siddeley Aviation Ltd., Kingston-upon-Thames, Surrey, Grossbritannien.

HAWKER SIDDELEY HARRIER G.R.MK.3

Abmessungen: Spannweite 7,70 m, Länge 13,91 m, Höhe 3,43 m, Flügelfläche 18,7 m².

HAWKER SIDDELEY HAWK T.MK.1

Ursprungsland: Grossbritannien.
Kategorie: Zweisitziger Mehrzwecktrainer und leichter Erdkämpfer.
Triebwerke: Ein Mantelstromtriebwerk Rolls-Royce Turboméca RT.172-06-11 Adour 151 von 2420 kp Standschub.
Leistungen: Höchstgeschw. 993 km/h auf Meereshöhe, oder 917 km/h auf 9150 m; Langstrecken-Reisegeschw. 652 km/h auf 9150 m; Steigzeit auf 12 200 m 10 Min.; Dienstgipfelhöhe 13 400 m.
Gewichte: Leer 3379 kg; normales Startgewicht als Trainer 4650 kg, als Waffentrainer 5450 kg; max. Startgew. 7485 kg.
Bewaffnung (als Waffentrainer): Ein Aufhängepunkt unter dem Rumpf und zwei unter den Flügeln zu je 455 kg Tragkraft. Max. Aussenlasten 2270 kg.
Entwicklungsstand: Einziges Vorserienflugzeug (zugleich Prototyp) am 21. August 1974, die beiden ersten Serienflugzeuge am 19. Mai bzw. am 22. April 1975 erstmals geflogen. Insgesamt 175 Einheiten für die RAF bestellt, wovon die ersten zehn noch 1976 geliefert werden sollen. Hawker Siddeley wird zu diesem Zeitpunkt monatlich 3—4 Einheiten herstellen. 1980 dürfte die Bestellung der RAF erledigt sein.
Bemerkungen: Die Hawk ersetzt gleichzeitig drei Trainingsflugzeuge der RAF: die Jet Provost als Grundschul-Jettrainer, die Gnat als Fortgeschrittenen-Trainer, und die Hunter als Waffentrainer. Sie eignet sich ebenfalls als leichtes Erdkampfflugzeug und ist als solches für den Export vorgesehen. Die projektierte einsitzige Version erhält grössere Treibstofftanks, ein automatisches Navigationssystem und verschiedene Verbesserungen in der Bewaffnung.
Hersteller: Hawker Siddeley Aviation Ltd., Kingston-upon-Thames, Surrey, Grossbritannien.

HAWKER SIDDELEY HAWK T.MK.1

Abmessungen: Spannweite 9,40 m, Länge 11,96 m, Höhe 4,10 m, Flügelfläche 16,7 m².

HAWKER SIDDELEY NIMROD M.R.MK.1

Ursprungsland: Grossbritannien.
Kategorie: Langstrecken-Marinepatrouillenflugzeug.
Triebwerke: Vier Mantelstromtriebwerke Rolls-Royce RB. 168-20 Spey Mk.250 von je 5515 kp Standschub.
Leistungen: Höchstgeschw. 926 km/h; max. Reisegeschw. 880 km/h; ökonom. Reisegeschw. 787 km/h; typische Überführungsreichweite 8340—9265 km; Einsatzdauer 12 Std.
Gewichte: Max. Startgewicht 80 510 kg; max. Überlaststartgewicht 87 090 kg.
Zuladung: Normalerweise 12 Mann Besatzung, wovon drei im Cockpit und neun im zentralen Einsatzraum.
Bewaffnung: Torpedos, Minen, Tiefenbomben, usw. im internen Waffenschacht. Zwei Flügelstationen unter jedem Flügel für insgesamt vier Aérospatiale AS.12- oder AS.11-Luft-Boden-Lenkwaffen.
Entwicklungsstand: Erstflug des ersten von zwei Nimrod-Prototypen (modifizierte Comets IVC) am 23. Mai 1967. Erstes von 38 Serienflugzeugen flog am 28. Juni 1968. Der Ablieferung aller dieser Maschinen im August 1972 folgten drei Nimrod R.Mk.1 für die elektronische Aufklärung, und zu Beginn 1972 wurden weitere acht Nimrod M.R.Mk.1 mit Ablieferungsbeginn 1974 in Auftrag gegeben.
Bemerkungen: Die gesamte Nimrod-Flotte soll in absehbarer Zeit mit neuerer Elektronik versehen werden (Nimrod M.R.Mk.2), Ablieferung ab 1978. Die Verbesserungen betreffen vor allem ein neues Suchradar, ein fortschrittlicheres Auswertungsgerät für die Signale der Sonobuoys, ein präziseres Navigationssystem und Bordcomputer-Modifikationen.
Hersteller: Hawker Siddeley Aviation Ltd., Kingston-upon-Thames, Surrey, Grossbritannien.

HAWKER SIDDELEY NIMROD M.R.MK.1

Abmessungen: Spannweite 35,00 m, Länge 38,63 m, Höhe 9,01 m, Flügelfläche 197,1 m².

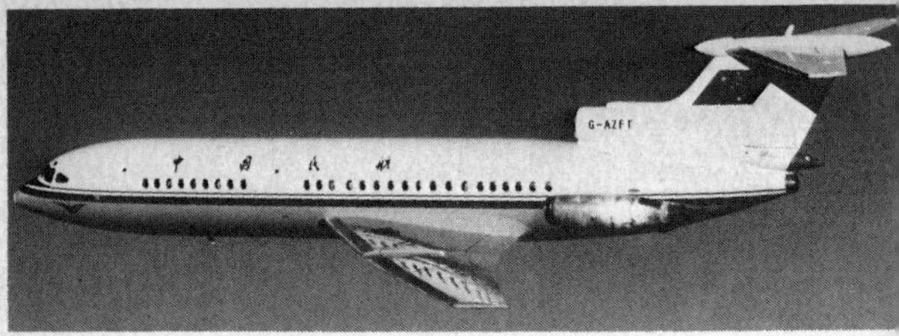

HAWKER SIDDELEY TRIDENT 2E

Ursprungsland: Grossbritannien.
Kategorie: Mittelstrecken-Verkehrsflugzeug.
Triebwerke: Drei Mantelstromtriebwerke Rolls-Royce RB. 163-25 Mk.512-5W/50 von je 5410 kp Standschub.
Leistungen: Max. Reisegeschw. 959 km/h auf 9150 m; Langstrecken-Reisegeschw. 891 km/h auf 10 700 m; Reichweite mit max. Nutzlast (13 425 kg) 5077 km; max. Reichweite mit Langstrecken-Reisegeschw. 5726 km.
Gewichte: Rüstgewicht 33 203 kg; maximales Startgewicht 65 100 kg.
Zuladung: Drei Mann Besatzung und 12 Erstklass- sowie 79 Touristklass-Passagiere, oder (British Airways) 97 Touristklass-Passagiere.
Entwicklungsstand: Dank einer Bestellung aus Rotchina für 33 Tridents 2E und zwei Super Tridents 3B konnte die Produktion der Trident aufrechterhalten werden. Die Trident 2E flog am 27. Juli 1967 erstmals; sie wurde in 15 Exemplaren der British Airways und in zwei der Cyprus Airways geliefert.
Bemerkungen: Die Trident 2E unterscheidet sich von der früheren Trident 1C und 1E durch stärkere Triebwerke, erhöhtes Startgewicht, Küchemann-Flügelspitzen, vergrösserte Spannweite und erhöhtes Treibstoff-Fassungsvermögen; 24 Trident 1C und 15 Trident 1E wurden gebaut. Die Trident 3B ist eine Langrumpf-Version der Trident 1E mit den Flügeln der 2E und einem Starthilfetriebwerk. Insgesamt wurden 26 Tridents 3B hergestellt. Die Trident Super 3B bietet 152 Passagieren Platz und besitzt eine grössere Treibstoffkapazität als die 3B.
Hersteller: Hawker Siddeley Aviation Ltd., Kingston-upon-Thames, Surrey, Grossbritannien.

HAWKER SIDDELEY TRIDENT 2E

Abmessungen: Spannweite 29,87 m, Länge 34,97 m, Höhe 8,23 m, Flügelfläche 135,8 m².

IAI 201 ARAVA

Ursprungsland: Israel.
Kategorie: Leichter STOL-Transporter.
Triebwerke: Zwei Propellerturbinen Pratt & Whitney (Canada) PT6A-34 von je 750 WPS Leistung.
Leistungen: Höchstgeschw. 326 km/h auf 3050 m; maximale Reisegeschw. 319 km/h auf 3050 m; ökonom. Reisegeschw. 311 km/h; max. Reichweite inkl. 45 Min. Reserven 1297 km; Reichweite mit max. Nutzlast und 45 Min. Reserven 323 km; Anfangssteiggeschw. 6,5 m/Sek.; Dienstgipfelhöhe 7300 m.
Gewichte: Rüstgewicht 4000 kg; max. Startgewicht 6800 kg.
Zuladung: Ein bis zwei Mann Besatzung und 24 vollausgerüstete Soldaten oder 16 Fallschirmjäger. Als Sanitätsflugzeug 12 Tragbahren und zwei Pfleger.
Entwicklungsstand: Erstflug des Prototyps der IAI 201 am 7. März 1972 (Erstflug der IAI 101 am 27. November 1969). Monatliche Produktionsrate zwei bis drei Einheiten.
Bemerkungen: Die IAI 201 ist die Militärversion der IAI 101 (siehe Ausgabe 1972) und wurde von Bolivien, Ekuador, El Salvador, Mexiko sowie Nikaragua bestellt. Sie kann mit zwei 12,7-mm-MG's versehen werden (auf beiden Rumpfseiten, siehe Dreiseitenriss), ausserdem sind zwei Aufhängepunkte zu je 270 kg Tragkraft unter dem Rumpf angebracht.
Hersteller: Israel Aircraft Industries Ltd., Lod Airport, Israel.

IAI 201 ARAVA

Abmessungen: Spannweite 20,88 m, Länge 12,95 m, Höhe 5,21 m, Flügelfläche 43,7 m^2.

IAI KFIR

Ursprungsland: Israel.
Kategorie: Einsitziges Mehrzweck-Kampfflugzeug.
Triebwerke: Ein Strahltriebwerk General Electric (IAI-gebaut) J79-GE-17 von 5385 kp Standschub ohne und 8120 kp mit Nachbrenner.
Leistungen (geschätzt): Höchstgeschw. 1368 km/h oder Mach 1.12 im Tiefflug, oder 2335 km/h (Mach 2.2) auf 11 000 m; Aktionsradius (Einsatzprofil tief-tief-tief) 600 km, bzw. 1300 km (Einsatzprofil hoch-tief-hoch); Aktionsradius für einen Abfangeinsatz mit zwei 600-l-Aussentanks bei Mach 2.0 370 km; max. Steigleistung 230 m/Sek.
Gewichte (geschätzt): Leer (Abfangversion) 7200 kg; beladen (Abfangversion) 10 700 kg; max. Startgewicht (Erdkampfversion) 14 500 kg.
Bewaffnung: Zwei 30-mm-Kanonen DEFA (IAI-gebaut) und, als Interzeptor, vier Rafael Shafrir (Libelle) Luft-Luft-Infrarot-Lenkwaffen, oder, als Erdkämpfer, bis zu 4000 kg Aussenlasten, einschliesslich Rockwell Hobo Lenkbomben und Hughes Maverick Luft-Boden-Lenkwaffen.
Entwicklungsstand: Erster Prototyp (umgebaute Mirage) flog erstmals im September 1971 unter der Bezeichnung Nesher (Adler) und wurde während der Entwicklungsphase in Barak (Blitz) umgetauft. Die Serienproduktion begann 1972/73, und das Serienmodell trägt den Namen Kfir (Junger Löwe).
Bemerkungen: Die Kfir basiert auf der Zelle der Mirage 5, weist jedoch ein wesentlich besseres Schub/Gewichtsverhältnis als diese auf, da das verwendete Triebwerk leistungsfähiger ist. Es werden zwei Versionen gebaut; ein Abfangjäger und ein Erdkämpfer, welche sich hauptsächlich in der Ausrüstung unterscheiden. Ende 1975 stand die Produktionsrate auf vier Einheiten monatlich. Die Kfir ist inzwischen für den Export freigegeben worden.
Hersteller: Israel Aircraft Industries Ltd., Lod Airport, Israel.

IAI KFIR

Abmessungen: Spannweite 8,22 m, Länge 15,55 m, Höhe 4,25 m, Flügelfläche 34,9 m².

IAI 1124 WESTWIND

Ursprungsland: Israel.
Kategorie: Leichtes Geschäftsreiseflugzeug.
Triebwerke: Zwei Mantelstromtriebwerke Garrett-AiResearch TFE-731-3 von je 1680 kp Standschub.
Leistungen: Höchtsgeschw. 869 km/h auf 5900 m (Mach 0,735); Reichweite mit sieben Passagieren und 30 Min. Reserven 4626 km; Anfangssteiggeschw. 20,3 m/Sek.; Dienstgipfelhöhe 13 700 m.
Gewichte: Rüstgewicht 5766 kg; max. Startgewicht 10 375 kg.
Zuladung: Zwei Piloten und sieben Passagiere.
Entwicklungsstand: Erstflug des Prototyps am 21. Juli 1975; Beginn der Ablieferung von Serienflugzeugen Frühjahr 1976. Die erste Serie umfasst 36 Flugzeuge bei einem monatlichen Ausstoss von drei.
Bemerkungen: Die IAI 1124 Westwind unterscheidet sich von der früheren 1123 durch Mantelstromtriebwerke (IAI 1123: General Electric CJ-610-9), eine neue Flügelvorderkante, ein verstärktes Fahrwerk und ein neuentworfenes Cockpit. Das Vorgängermuster 1123 basierte auf der amerikanischen Jet Commander, deren Herstellungsrechte von IAI gekauft und von der in Israel 36 Einheiten gebaut worden waren. Weitere 150 Jet Commander 1121, 1121 A und 1121 B stammen zum Teil noch aus der amerikanischen Produktion. Der Erstflug des ersten von zwei Prototypen Jet Commander 1121 fand am 27. Januar 1963 in den USA statt. Die israelischen Modelle unterscheiden sich von den amerikanischen äusserlich durch die Flügelspitzentanks.
Hersteller: Israel Aircraft Industries Ltd., Lod Airport, Israel.

IAI 1124 WESTWIND

Abmessungen: Spannweite 13,65 m, Länge 15,94 m, Höhe 4,80 m, Flügelfläche 28,6 m^2.

ILJUSCHIN IL-38 (MAY)

Ursprungsland: UdSSR.
Kategorie: Langstrecken-Marinepatrouillenflugzeug.
Triebwerke: Vier Propellerturbinen Iwtschenko AI-20M von je 4250 äWPS Leistung.
Leistungen (geschätzt): Max. Reisegeschw. 645 km/h auf 4570 m; normale Reisegeschw. 595 km/h auf 8000 m; Patrouilliergeschw. 400 km/h auf 600 m; max. Reichweite 7240 km; Patrouillierdauer 12. Std. auf 600 m.
Gewichte (geschätzt): Leer 36 300 kg; max. Startgewicht 63 500 kg.
Zuladung: Die Besatzung setzt sich wahrscheinlich aus 12 Mann zusammen, wovon etwa die Hälfte in einem zentralen Einsatzraum arbeitet.
Bewaffnung: Waffenschacht für Tiefenbomben und zielsuchende Torpedos; Flügelstationen für Aussenlasten.
Entwicklungsstand: Die Il-38 flog angeblich 1967-68 erstmals und erreichte die Truppenreife Anfang 1970. Etwa 55 Serienflugzeuge wurden für die Sowjetmarine und 3 für die indische Navy gebaut.
Bemerkungen: Wie die Amerikaner aus ihrer Electra die P-3 Orion entwickelten, so bauten die Russen aus der Il-18 die Il-38: Flügel, Triebwerke, Leitwerk und Fahrgestell des zivilen Grundmusters wurden beibehalten, der Rumpf erhielt umfangreiche Elektronik, einen Einsatzraum, einen Waffenschacht und einen MAD-Hecksporn. Da der Schwerpunkt weiter vorne liegt als beim zivilen Vorläufer, wurden die Flügel vorgeschoben. Die Il-38 wurde vor allem über dem Mittelmeer sowie über den an die Sowjetunion grenzenden Meeren gesichtet.
Hersteller: Sergei V. Iljuschin, UdSSR.

ILJUSCHIN IL-38 (MAY)

Abmessungen: Spannweite 37,40 m, Länge 39,92 m, Höhe 10,17 m, Flügelfläche 140,0 m².

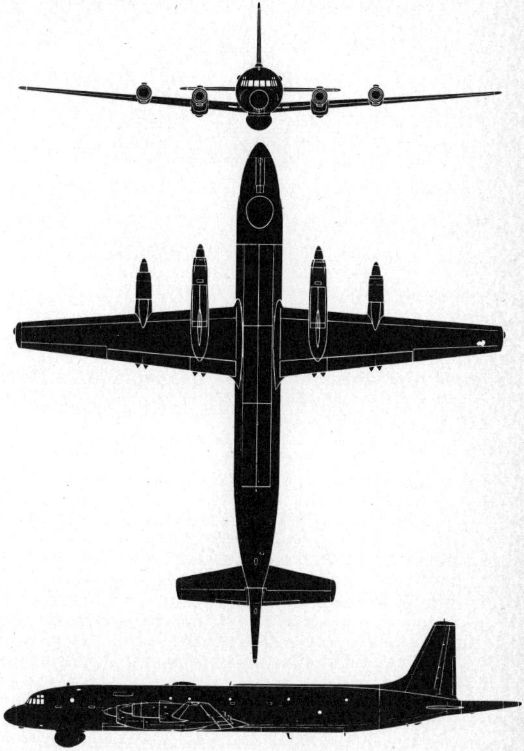

ILJUSCHIN IL-76 (CANDID)

Ursprungsland: UdSSR.
Kategorie: Schwerer ziviler und militärischer Transporter.
Triebwerke: Vier Mantelstromtriebwerke Solowiew D-30KP von je 12 000 kp Standschub.
Leistungen: Max. Reisegeschw. 850 km/h auf 13 000 m; Reichweite mit max. Nutzlast (40 000 kg) 5000 km; Dienstgipfelhöhe 13 000 m.
Gewichte: Max. Startgewicht 157 000 kg.
Zuladung: Drei bis vier Mann Besatzung. Druckbelüfteter Frachtraum für Container, Pneu- und Raupenfahrzeuge, usw.
Entwicklungsstand: Erster von vier Prototypen flog am 25. März 1971 erstmals; die Serienflugzeuge werden seit 1974 an die Aeroflot und die Sowjetluftwaffe geliefert.
Bemerkungen: Die Il-76 wird sowohl als Zivil- wie auch als Militärtransporter gebaut, wobei sich die Militärversion durch ein Heckradar und zwei 23-mm-Kanonen NR-23 unterscheidet. Im Sommer 1975 stellte eine Il-76 25 neue Geschwindigkeits- und Höhenrekorde auf, u. a. 856 km/h mit einer Nutzlast von 70 t über 1000 km, und einer Rekordhöhe von 11 875 m mit 70 t Nutzlast. Gegenwärtig wird eine Tankerversion der Il-76 entwickelt, welche speziell zur Flugbetankung der Tupolew Backfire (siehe Seiten 204/205) vorgesehen ist. In einer späteren Entwicklungsphase könnten auch stärkere Triebwerke, insbesondere das neue Mantelstromtriebwerk von Kusnjezow, Verwendung finden.
Hersteller: Sergei V. Iljuschin, UdSSR.

ILJUSCHIN IL-76 (CANDID)

Abmessungen: Spannweite 50,50 m, Länge 46,59 m, Höhe 14,76 m, Flügelfläche 300,0 m².

ILJUSCHIN IL-86

Ursprungsland: UdSSR.
Kategorie: Mittelstrecken-Verkehrsflugzeug.
Triebwerke: Vier Mantelstromtriebwerke Solowiew (oder Lotarew) von je 13 000 kp Standschub.
Leistungen (geschätzt): Normale Reisegeschw. 920—950 km/h auf 9000—10 000 m Höhe; Reichweite mit max. Nutzlast von 40 000 kg 2350 km; max. Reichweite 4600 km.
Gewichte: Max. Startgewicht 188 000 kg.
Zuladung: Drei bis vier Mann Besatzung und max. 350 Passagiere. Neun Plätze nebeneinander mit zwei Gängen, wobei das Flugzeug in drei Passagierkabinen zu 111, 141 und 98 Personen unterteilt ist. Als alternative Innenausstattung wird eine Ausführung für 28 Erstklass- und 206 Touristklass-Passagiere vorgeschlagen.
Entwicklungsstand: Erstflug für 1976 erwartet. Die ersten Serienflugzeuge sollen Ende dieses Jahrzehnts auf den Luftlinien der Aeroflot eingesetzt werden. Es ist vorgesehen, rund 200 Flugzeuge dieses Typs zu bauen.
Bemerkungen: Die Il-86 entstand unter Chefkonstrukteur G. V. Nowoschilow und wird auf stark frequentierten Inland- und Internationalrouten zum Einsatz gelangen. Für den Prototyp finden vier Solowiew D-30KP von je 12 000 kp Standschub Verwendung, welche jedoch bei den Vorserienflugzeugen durch noch in Entwicklung befindliche Mantelstromtriebwerke von Solowiew oder Lotarew ersetzt werden dürften. Nowoschilow ist der Nachfolger von Sergei V. Iljuschin.
Hersteller: Sergei V. Iljuschin, UdSSSR.

ILJUSCHIN IL-86

Abmessungen: Spannweite 48,33 m, Länge 58,50 m, Höhe 15,70 m, Flügelfläche 320,0 m².

JAKOWLEW JAK-40 (CODLING)

Ursprungsland: UdSSR.
Kategorie: Kurzstrecken-Verkehrsflugzeug.
Triebwerke: Drei Mantelstromtriebwerke Iwtschenko AI-25 von je 1500 kp Standschub.
Leistungen: Höchstgeschw. 600 km/h auf Meereshöhe, 750 km/h auf 5200 m; max. Reisegeschw. 550 km/h auf 6000 m; ökonom. Reisegeschw. 500 km/h auf 10 000 m; Reichweite mit 2300 kg Nutzlast bei 500 km/h 1000 km; Reichweite mit 1425 kg Nutzlast 1480 km; Anfangssteiggeschw. 10,2 m/Sek.; Dienstgipfelhöhe mit max. Nutzlast 11 800 m. Max. Reichweite 2000 km.
Gewichte: Leergewicht je nach Innenausstattung 9010 kg bis 9850 kg; normales Startgewicht 12 360 kg bis 15 500 kg; max. Startgewicht 16 500 kg.
Zuladung: Zwei Mann Besatzung und 27—34 Passagiere. Maximal 40 Passagiere. Geschäftsreiseversion für acht bis zehn Fluggäste.
Entwicklungsstand: Jungfernflug des ersten von fünf Prototypen am 21. Oktober 1966, erste Ablieferung (an die Aeroflot) Mitte 1968. Am 15. Februar 1974 war die 500. Maschine fertiggestellt gewesen.
Bemerkungen: Seit 1971 wird serienmässig eine Schubumkehrvorrichtung für das mittlere Triebwerk eingebaut. Eine stärkere Version mit AI-25T-Mantelstromtriebwerken von 1750 kp Standschub sollte ab 1974 zur Auslieferung gelangen; sie trug die Bezeichnung Jak-40V, wurde aber inzwischen anscheinend fallengelassen. Die neuen Mantelstromtriebwerke fanden jedoch in der Militärversion der Jak-40 Verwendung, welche von der Sowjetluftwaffe als Verbindungsflugzeug eingesetzt wird.
Hersteller: Alexander S. Jakowlew, Werk Saratow, UdSSR.

JAKOWLEW JAK-40 (CODLING)

Abmessungen: Spannweite 25,00 m, Länge 20,36 m, Höhe 6,50 m, Flügelfläche 70,0 m².

JAKOWLEW JAK-42

Ursprungsland: UdSSR.
Kategorie: Kurz- und Mittelstrecken-Verkehrsflugzeug.
Triebwerke: Drei Mantelstromtriebwerke Lotarew D-36 von je 6440 kp Standschub.
Leistungen: Max. Reisegeschw. 850 km/h auf 10 000 m; ökonom. Reisegeschw. 810 km/h auf 8000 m; Reichweite mit max. Nutzlast (14 000 kg) 1800 km; max. Reichweite 2800 km; Steigzeit auf Reiseflughöhe (8000 m) 11 Min.
Gewichte: Max. Startgewicht 50 000 kg
Zuladung: Zwei Mann Besatzung und 102 Passagiere. Alternative Innenausstattung für 120 Passagiere.
Entwicklungsstand: Erster von drei Prototypen flog am 7. März 1975 erstmals. Die Flugversuche waren im September 1975 abgeschlossen und der erste Streckeneinsatz auf den Luftlinien der Aeroflot ist für 1977 vorgesehen. Die Aeroflot benötigt zwischen 1880 und 1890 angeblich rund 2000 Flugzeuge dieser Kategorie.
Bemerkungen: Die Jak-42 wurde für den Einsatz über Strekken von 400—2700 km und von schlechten Flugplätzen aus entworfen, wie sie in den entlegenen Gebieten der Sowjetunion häufig vorkommen. Sie ist deshalb unabhängig von Bodeneinrichtungen und besitzt ein starkes Fahrwerk. Die Triebwerke, welche vermutlich in der Triebwerkfabrik von Zaporozhye hergestellt werden, entsprechen den internationalen Vorschriften bezüglich Lärm und Rauch, zudem müssen sie den extremen klimatischen Anforderungen wie Temperaturen zwischen + 50° C und — 50° C standhalten. Die Jak-42 besitzt grosse Ähnlichkeit mit der Jak-40 (siehe Seiten 130/131), die jedoch wesentlich kleiner ist. Möglicherweise stammt ein Teil der Avionik der Serienflugzeuge aus den USA.
Hersteller: Alexander S. Jakowlew, UdSSR.

JAKOWLEW JAK-42

Abmessungen: Spannweite 35,00 m, Länge 35,00 m.

JUROM ORAO

Ursprungsland: Jugoslawien und Rumänien.
Kategorie: Einsitziges taktisches Kampfflugzeug und zweisitziger operationeller Trainer.
Triebwerke: Zwei Strahltriebwerke Rolls-Royce Viper 623 von je 1815 kp Standschub.
Leistungen (geschätzt): Höchstgeschw. 1126 km/h oder Mach 0,92 auf Meereshöhe, bzw. 1010 km/h oder Mach 0,95 auf 12 200 m; Aktionsradius mit 2000 kg Waffenlasten (Einsatzprofil tief-tief-tief) 250 km, bzw. 450 km (Einsatzprofil hoch-tief-hoch); Anfangssteiggeschw. 90 m/Sek.; Dienstgipfelhöhe 13 500 m.
Gewichte (geschätzt): Leer 4400 kg; max. Startgew. 9000 kg.
Bewaffnung: Zwei 30-mm-Kanonen und bis zu 2000 kg Aussenlasten, verteilt unter fünf Aufhängepunkte.
Entwicklungsstand: Erster von zwei Prototypen führte seinen Erstflug im August 1974 aus. Vorserie im Bau. Die beiden beteiligten Staaten Jugoslawien und Rumänien werden je rund 200 Einheiten der Orao kaufen; Ablieferungsbeginn voraussichtlich 1977—78.
Bemerkungen: Die Orao (Adler) wird in Gemeinschaftsarbeit der jugoslawischen und rumänischen Flugzeugindustrie, welche ein Konsortium unter dem Namen JuRom gebildet hat, entwickelt und gebaut. SOKO, die jugoslawische Flugzeugfabrik in Mostar, leitet die Organisation. Von der Orao sind verschiedene Versionen geplant, darunter ein einsitziges, taktisches Kampfflugzeug (siehe Abbildung), ein- und zweisitzige Aufklärervarianten, sowie ein zweisitziger, operationeller Trainer, welcher auch als Kampfflugzeug verwendet werden kann.
Hersteller: Vazduhoplovno-Tehnicki Institut, Zarkovo, Jugoslawien, und Centrala Industriala Aeronautica Romana, Bukarest, Rumänien.

JUROM ORAO

Abmessungen: Spannweite 7,50 m, Länge 13,00 m, Höhe 3,70 m, Flügelfläche 18,00 m^2.

KAWASAKI C-1A

Ursprungsland: Japan.
Kategorie: Militärischer Mittelstrecken-Transporter.
Triebwerke: Zwei Mantelstromtriebwerke Pratt & Whitney JT8D-9 von je 6575 kp Standschub.
Leistungen: Höchstgeschw. bei 35 500 kg Fluggewicht 816 km/h auf 7600 m; max. Reisegeschw. 703 km/h auf 10 670 m; ökonom. Reisegeschw. 621 km/h auf 10 670 m; Reichweite mit normaler Nutzlast von 8000 kg 1300 km, mit 2600 kg Nutzlast 3336 km; Anfangssteiggeschw. (Fluggewicht 45 000 kg) 17,8 m/Sek.; Dienstgipfelhöhe 12 200 m.
Gewichte: Leer 23 150 kg; Rüstgewicht 24 100 kg; normal beladen 39 000 kg; max. Startgewicht 45 000 kg.
Zuladung: Fünf Mann Besatzung und 60 Soldaten, 45 Fallschirmjäger, oder 36 Verwundete mit Pflegepersonal. Als Frachter trägt die C-1A ein 2,3-t-Fahrzeug, eine 105-mm-Haubitze, zwei 680 kg-Fahrzeuge, oder drei Jeeps.
Entwicklungsstand: Erstflüge der beiden Prototypen am 12. November 1970 und 16. Januar 1971. Ablieferung des ersten von zwei Vorserienflugzeugen im Dezember 1973, des ersten Serienflugzeugs im Dezember 1974. 24 Flugzeuge unter Vertrag, wovon das letzte 1978 fertiggestellt sein soll. Weitere Bestellungen werden erwartet.
Bemerkungen: Ein Frühwarnflugzeug und ein Minenleger, welche aus der C-1A entwickelt wurden, befinden sich im Projektstadium.
Hersteller (Hauptauftragnehmer und Endmontage): Kawasaki Heavy Industries Ltd., Kobe, Japan.

KAWASAKI C-1A

Abmessungen: Spannweite 30,60 m, Länge 29,00 m, Höhe 10,00 m, Flügelfläche 120,5 m².

LET L 410 TURBOLET

Ursprungsland: Tschechoslowakei.
Kategorie: Leichtes Mehrzweck-, Zubringer- und Vermessungsflugzeug (L 410AF).
Triebwerke: Zwei Propellerturbinen Pratt & Whitney (Canada) PT6A-27 von je 715 WPS Leistung.
Leistungen: Max. Reisegeschw. 380 km/h auf 3000 m; ökonom. Reisegeschw. 330 km/h auf 3000 m; max. Reichweite inkl. 45 Min. Reserven 1140 km; Reichweite mit max. Nutzlast und denselben Reserven 185 km; Anfangssteiggeschw. 8,1 m/Sek.; Dienstgipfelhöhe 7770 m.
Gewichte: Rüstgewicht der Frachtversion 3100 kg; maximales Startgewicht 5400 kg.
Zuladung: Zwei Mann Besatzung und, je nach Innenausstattung, 12, 15, 19 oder 20 Passagiere. Geschäftsreiseversion für acht Passagiere.
Entwicklungsstand: Jungfernflug des ersten von vier Prototypen am 16. April 1969. Im Laufe von 1971 baute LET sechs Vorserienflugzeuge, wovon zwei noch im selben Jahr an Slov-Air geliefert wurden. Die ersten Serienflugzeuge wurden 1972 der Slov-Air und der Aeroflot geliefert. Die Version L410AF entstand 1973; Ablieferung der ersten Maschine 1974 an Ungarn.
Bemerkungen: Die Entwicklung einer Variante mit dem einheimischen Triebwerk M-601-B von 740 WPS Leistung wird weiterverfolgt. Obenstehende Abbildung zeigt das Vermessungsflugzeug L 410AF, welches ein starres Bugradfahrwerk besitzt.
Hersteller: Let Národní Podník, Kunovice, Tschechoslowakei.

LET L 410 TURBOLET

Abmessungen: Spannweite 17,50 m, Länge 13,61 m, Höhe 5,65 m, Flügelfläche 32,5 m².

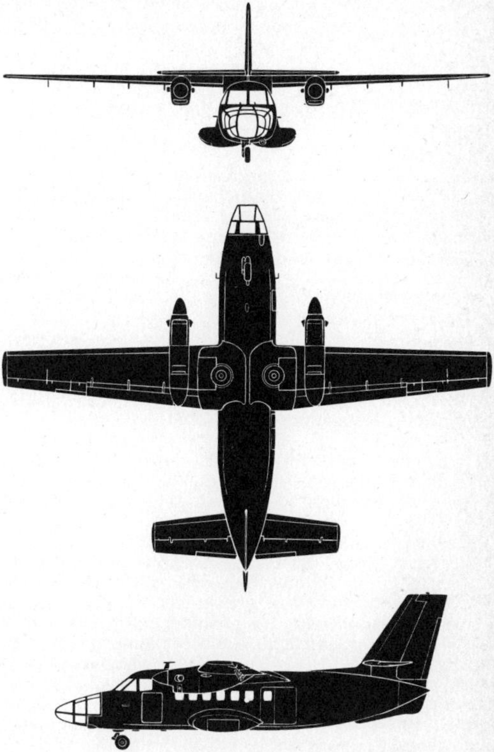

LOCKHEED L-1011-200 TRISTAR

Ursprungsland: USA.
Kategorie: Kurz- und Mittelstrecken-Verkehrsflugzeug.
Triebwerke: Drei Mantelstromtriebwerke Rolls-Royce RB.211-524 von je 21 770 kp Standschub.
Leistungen (Fluggewicht 163 290 kg): Maximale Reisegeschw. 978 km/h auf 9450 m; ökonom. Reisegeschw. 913 km/h auf 9450 m; Langstrecken-Reisegeschw. 896 km/h; Reichweite mit 33 660 kg Nutzlast (Fluggewicht 211 375 kg) 7865 km, bzw. 9992 km mit 19 430 kg Nutzlast.
Gewichte: Rüstgewicht 111 493 kg; maximales Startgewicht 211 375 kg.
Zuladung: Drei bis vier Mann Besatzung. Typische Innenausstattung für 256 Passagiere (ca. 20 % Erstklass- und 80 % Economyklass-Passagiere); max. 400 Fluggäste.
Entwicklungsstand: Die erste TriStar flog am 16. November 1970, die erste Ablieferung erfolgte im April 1972 an Eastern. Beginn der Ablieferungen der L-1011-100 (an Cathay Pacific) im August 1975, und der stärkeren L-1011-200 (an Saudia) im Laufe von 1976.
Bemerkungen: Die L-1011-1 und die L-1011-100 sind äusserlich identisch, wobei die L-1011-100 entweder mit dem RB. 211-22B (19 050 kp Standschub) oder mit dem RB.211-22F (19 730 kp Standschub) ausgerüstet ist und eine etwas grössere Reichweite aufweist. Die obenstehend beschriebene L-1011-200 besitzt zusätzliche Treibstoffkapazität im Flügelmittelstück und RB.211-524-Mantelstromtriebwerke, während die 1975 vorgeschlagene L-1011-250 nochmals vergrössertes Treibstofffassungsvermögen plus erhöhtes maximales Startgewicht (219 540 kg) haben wird. Bei der oben abgebildeten TriStar handelt es sich um eine L-1011-100, die dieses Jahr auf RB.211-524-Triebwerke umgerüstet werden soll.
Hersteller: Lockheed Aircraft Corp., California Company, Burbank, California, USA.

LOCKHEED L-1011-200 TRISTAR

Abmessungen: Spannweite 47,34 m, Länge 54,35 m, Höhe 16,87 m, Flügelfläche 320,0 m^2.

LOCKHEED C-130H HERCULES

Ursprungsland: USA.
Kategorie: Militärischer Mittel- und Langstreckentransporter.
Triebwerke: Vier Propellerturbinen Allison T56-A-7A von je 4050 äWPS Leistung.
Leistungen: Höchstgeschw. 618 km/h; max. Reisegeschw. 592 km/h; ökonom. Reisegeschw. 547 km/h; Reichweite mit max. Nutzlast (inkl. Reserven) 3943 km; max. Reichweite 7675 km; Anfangssteiggeschw. 9,6 m/Sek.
Gewichte: Leer 33 063 kg; max. Startgewicht 70 310 kg; max. Überlast-Startgewicht 79 380 kg.
Zuladung: Vier Mann Besatzung und 92 vollausgerüstete Soldaten, 64 Fallschirmjäger, oder 74 Verwundete mit zwei Pflegern. Als Frachter maximal sechs Frachtpaletten.
Entwicklungsstand: Die C-130H ist gegenwärtig die meistgebaute Variante der Hercules, welche in zahlreichen Ausführungen seit 1952 ununterbrochen produziert wird. Zu Beginn 1976 waren insgesamt über 1350 Bestellungen für die Hercules eingegangen; der monatliche Ausstoss beläuft sich auf sechs Flugzeuge pro Monat.
Bemerkungen: Die C-130H, welche zurzeit an Israel, Spanien, Griechenland, Malaysia, Saudi-Arabien und an die USAF geliefert wird, ist grundsätzlich eine stärkere Ausführung der C-130E. Die britische Variante (C-130K) unterscheidet sich durch ihre Instrumentierung und Avionik von der C-130H. Unter der Bezeichnung L100-20 und L100-30 befinden sich «gestreckte» Versionen der Hercules im Einsatz.
Hersteller: Lockheed Aircraft Corp., Georgia Company, Marietta, Georgia, USA.

LOCKHEED C-130H HERCULES

Abmessungen: Spannweite 40,41 m, Länge 29,78 m, Höhe 11,66 m, Flügelfläche 162,1 m².

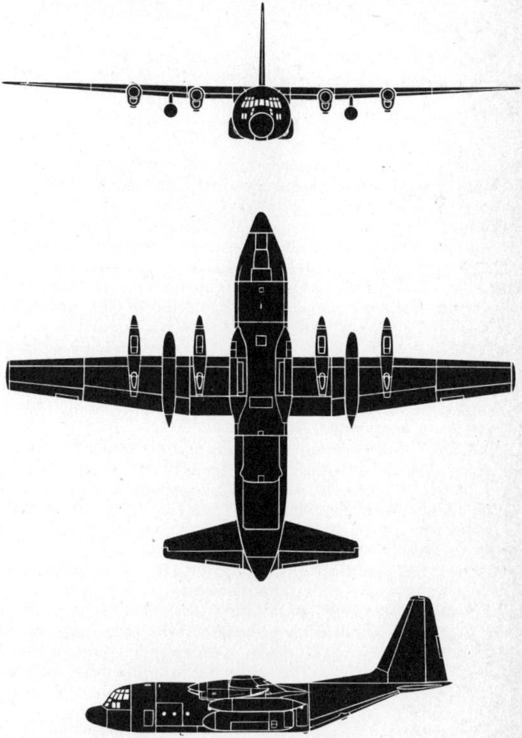

LOCKHEED P-3C ORION

Ursprungsland: USA.
Kategorie: Langstrecken-Marinepatrouillenflugzeug.
Triebwerke: Vier Propellerturbinen Allison T56-A-14W von je 4910 äWPS Leistung.
Leistungen: Höchstgeschw. (bei 47 625 kg Fluggewicht) 703 km/h auf 4570 m; normale Reisegeschw. 639 km/h auf 7620 m; Patrouilliergeschw. 370 km/h auf 450 m; Flugdauer auf 450 m 12,3 Std., mit zwei stillgelegten Triebwerken 17 Std.; max. Aktionsradius 4075 km; Aktionsradius mit drei Std. Aufenthalt im Zielgebiet 3110 km; Dienstgipfelhöhe 8600 m.
Gewichte: Leer 28 123 kg; max. Startgewicht 60 560 kg; max. Überlast-Startgewicht 64 410 kg.
Zuladung: Normalerweise zehn Mann Besatzung, wovon fünf im Einsatzraum. Im Notfall können 50 Soldaten samt 1800 kg Ausrüstung transportiert werden.
Bewaffnung: Zwei nukleare Tiefenbomben Mk.101 und vier Torpedos Mk.43, 44 oder 46, oder acht Bomben Mk.54 in internem Waffenschacht. Total 6220 kg Aussenlasten.
Entwicklungsstand: Erstflug des Prototyps YP-3C am 8. Oktober 1968; die ersten Ablieferungen von insgesamt 202 Flugzeugen an die US-Navy erfolgten Mitte 1969, wovon anfangs 1976 etwa 130 geliefert waren. Bis 1985 sollen jedes Jahr mindestens 12 weitere Flugzeuge hergestellt werden.
Bemerkungen: Die P-3C ist mit einer fortschrittlicheren Elektronik versehen als ihre Vorgängerin P-3A (157 gebaut) und P-3B (144 gebaut). Zwölf P-3A wurden zur elektronischen Aufklärung ausgerüstet (EP-3E); andere betreiben Wetterbeobachtung (WP-3A) oder werden als Forschungsflugzeuge zur Vermessung des magnetischen Feldes der Erde (RP-3D) eingesetzt. Sechs Orions werden als P-3F an Persien, 18 als P-3LRPA an Kanada (als CL-28-Ersatz) geliefert.
Hersteller: Lockheed Aircraft Corp., California Company, Burbank, California, USA.

LOCKHEED P-3C ORION

Abmessungen: Spannweite 30,37 m, Länge 35,61 m, Höhe 10,29 m, Flügelfläche 120,8 m².

LOCKHEED S-3A VIKING

Ursprungsland: USA.
Kategorie: Bordgestützter U-Boot-Jäger.
Triebwerke: Zwei Mantelstromtriebwerke General Electric TF34-GE-2 von je 4210 kp Standschub.
Leistungen: Höchstgeschw. 815 km/h auf Meereshöhe; max. Reisegeschw. 649 km/h; typische Arbeitsgeschw. 257 km/h; Überführungsreichweite 5630 km plus; Anfangssteiggeschw. 20,0 m/Sek.; Dienstgipfelhöhe 10 700 m; max. Flugdauer in Meereshöhe bei 300 km/h acht Stunden.
Gewichte: Leer 12 044 kg; normales Startgewicht 19 730 kg.
Zuladung: Vier Mann Besatzung, wovon zwei im Cockpit.
Bewaffnung: Verschiedene Kombinationen von Torpedos, Tiefenbomben und Luft-Boden-Lenkwaffen in internem Waffenschacht und an den Flügelstationen.
Entwicklungsstand: Erstes von acht Testflugzeugen am 21. Januar 1972 erstmals geflogen. Anfangs 1973 waren alle acht Maschinen flugbereit. Von 179 für die US Navy zu beschaffenden Serienflugzeugen wurden bisher 138 fest in Auftrag gegeben; sie sollen im Laufe von 1976/77 geliefert werden. Produktionsrate vier Einheiten monatlich.
Bemerkungen: Als Ersatz für die Grumman S-2 Tracker gedacht, welche in grösseren Stückzahlen bei der US Navy im Einsatz steht. Die Viking ist das Ergebnis eines Konstruktionswettbewerbs, der Mitte 1969 zugunsten von Lockheed entschieden wurde. Eine «gestreckte» Version (US-3), welche als Frachter verwendet werden soll, dürfte 1976 als Prototyp erstmals fliegen.
Hersteller: Lockheed Aircraft Corp., California Company, Burbank, California, USA.

LOCKHEED S-3A VIKING

Abmessungen: Spannweite 20,93 m, Länge 16,26 m, Höhe 6,93 m, Flügelfläche 55,6 m².

LTV AEROSPACE A-7E CORSAIR II

Ursprungsland: USA.
Kategorie: Einsitziges bordgestütztes taktisches Kampfflugzeug.
Triebwerke: Ein Mantelstromtriebwerk Allison TF41-A-2 (Rolls Royce RB.168-62 Spey) von 6805 kp Standschub.
Leistungen: Höchstgeschw. ohne Aussenlasten 1125 km/h oder Mach 0,92 auf Meereshöhe; mit zwölf 115-kg-Bomben unter den Flügeln 1020 km/h oder Mach 0,87 auf Meereshöhe; Aktionsradius mit zwölf 115-kg-Bomben bei 855 km/h und einer Stunde Aufenthalt im Zielgebiet 825 km (Einsatzprofil hoch-tief-hoch); Überführungsreichweite 4465 km.
Gewichte: Leer 7969 kg; max. Startgewicht über 19 000 kg.
Bewaffnung: Eine 20-mm-Kanone M61A-1 zu 1000 Schuss und, für Kurzstreckeneinsätze, 9070 kg maximale Waffenzuladung. Acht externe Aufhängepunkte. Normale Zuladung 6800 kg.
Entwicklungsstand: Die erste A-7E flog am 25. November 1968 erstmals, mit Beginn der Auslieferungen an die US Navy Mitte 1969, wobei die ersten 67 Flugzeuge noch mit Mantelstromtriebwerken Pratt & Whitney TF30-P-8 versehen waren (Bezeichnung A-7C). Totalbedarf der US Navy: 706 Corsairs.
Bemerkungen: Die A-7E ist die Marineausführung der A-7D der USAF (siehe Ausgabe 1970). Vorläufer waren die A-7A (199 Einheiten gebaut) und die A-7B (196 Einheiten gebaut). 40 A-7B und 41 A-7C sollen zu Zweisitzern TA-7C umgebaut werden, welche mit der YA-7H (Erstflug 29. August 1972) praktisch identisch sind. Die Ablieferung der 60 von Griechenland bestellten A-7H begann 1975.
Hersteller: LTV Aerospace Corp., Vought Aeronautics Co., Dallas, Texas, USA.

LTV AEROSPACE A-7E CORSAIR II

Abmessungen: Spannweite 11,80 m, Länge 14,06 m, Höhe 4,90 m, Flügelfläche 34,8 m².

McDONNELL DOUGLAS DC-9 SERIE 50

Ursprungsland: USA.
Kategorie: Kurz- und Mittelstrecken-Verkehrsflugzeug.
Triebwerke: Zwei Mantelstromtriebwerke Pratt & Whitney JT8D-17 von je 7255 kp Standschub.
Leistungen: Max. Reisegeschw. 907 km/h auf 8230 m; ökonom. Reisegeschw. 861 km/h auf 10 000 m; Langstrecken-Reisegeschw. 819 km/h auf 10 700 m; Reichweite mit max. Nutzlast (14 950 kg) 2362 km; vollbetankt und mit 9700 kg Nutzlast 4485 km.
Gewichte: Rüstgewicht 29 484 kg; max. Startgew. 54 430 kg.
Zuladung: Zwei bis drei Mann Besatzung und maximal 139 Passagiere.
Entwicklungsstand: Die erste DC-9 der Serie 50 flog am 17. Dezember 1974 erstmals, während die Lieferungen der ersten Serienflugzeuge (an Swissair) im Sommer 1975 erfolgten. Zehn Einheiten wurden von der Swissair bestellt; total sind 38 feste Aufträge für die DC-9-50 eingegangen.
Bemerkungen: Die neuste von insgesamt fünf DC-9-Versionen verfügt über einen nochmals gestreckten Rumpf (1,95 m länger als die DC-9-40, die bisher längste DC-9-Variante). Zehn Jahre nach dem Erstflug des Prototyps der DC-9, der am 25. Februar 1965 erfolgte, waren bereits über 700 Exemplare dieses Typs verkauft worden. Das DC-9-Programm umfasst folgende Versionen: DC-9-10 (Grundmuster, zwei Mantelstromtriebwerke Pratt & Whitney JT8D-5 von je 5555 kp Standschub), DC-9-20 (Kombination von DC-9-10-Rumpf und DC-9-30-Flügeln, siehe Ausgabe 1969), DC-9-30 (meistgebaute Version der DC-9, siehe Ausgabe 1973), DC-9-40 (längerer Rumpf, stärkere Triebwerke, siehe Ausgabe 1972), und DC-9-50 (siehe Beschreibung). Projektiert ist die DC-9-60 mit nochmals gestrecktem Rumpf und mit CFM56-Triebwerk. Insgesamt wurden bis Anfang 1976 840 DC-9 aller Varianten hergestellt.
Hersteller: McDonnell Douglas Corp., Douglas Aircraft Company, Long Beach, California, USA.

McDONNELL DOUGLAS DC-9 SERIE 50

Abmessungen: Spannweite 28,47 m, Länge 40,23 m, Höhe 8,38 m, Flügelfläche 93,0 m^2.

McDONNELL DOUGLAS DC-10 SERIE 30

Ursprungsland: USA.
Kategorie: Mittelstrecken-Verkehrsflugzeug.
Triebwerke: Drei Mantelstromtriebwerke General Electric CF6-50C von je 23 135 kp Standschub.
Leistungen: Max. Reisegeschw. bei 235 868 kg Fluggewicht 917 km/h auf 9500 m; Langstrecken-Reisegeschw. 891 km/h auf 9500 m; max. Reichweite (inkl. 370 km Reserven) 11 118 km; Reichweite mit max. Nutzlast 6875 km; max. Steiggeschw. 11,8 m/Sek.; Dienstgipfelhöhe (Fluggewicht 244 940 kg) 9970 m.
Gewichte: Rüstgewicht 119 334 kg; maximales Startgewicht 251 750 kg.
Zuladung: Drei, max. fünf Mann Besatzung plus 225—270 Passagiere, je nach Innenausstattung. Maximal zugelassene Passagierzahl: 380.
Entwicklungsstand: Der Erstflug der DC-10 erfolgte am 29. August 1970, der der DC-10-30 am 21. Juni 1972, und der DC-10-40 am 28. Februar 1972. Im Dezember 1975 lagen Bestellungen und Optionen für 235 DC-10 vor, wovon 20 noch nicht abgeliefert waren.
Bemerkungen: Die DC-10-30 und die DC-10-40 besitzen denselben Rumpf wie die DC-10-10 (siehe Ausgabe 1972), aber während letztere als Kurzstrecken-Verkehrsflugzeug entworfen wurde, sind die beiden anderen Modelle für Interkontinentalstrecken gedacht. Sie unterscheiden sich nur geringfügig in Triebwerken, Flügeldetails und im Fahrwerk; die DC-10-30 besitzt jedoch ein zusätzliches Hauptfahrwerk im Rumpf. Die Serie 40 (siehe Abbildung) besitzt drei Mantelstromtriebwerke Pratt & Whitney JT9D-20 von je 22 410 kp Standschub, und entspricht im übrigen der DC-10-30.
Hersteller: McDonnell Douglas Corp., Douglas Aircraft Company, Long Beach, California, USA.

McDONNELL DOUGLAS DC-10 SERIE 30

Abmessungen: Spannweite 50,42 m, Länge 55,29 m, Höhe 17,68 m, Flügelfläche 364,3 m².

McDONNELL DOUGLAS F-15 EAGLE

Ursprungsland: USA.
Kategorie: Einsitziger Luftüberlegenheitsjäger (F-15A) und zweisitziger operationeller Trainer (TF-15A).
Triebwerke: Zwei Mantelstromtriebwerke Pratt & Whitney F100-PW-100 von je 11 340 kp Standschub mit Nachbrenner.
Leistungen: Höchstgeschw. 1472 km/h oder Mach 1,2 auf Meereshöhe, bzw. 2655 km/h oder Mach 2,5 auf 11 000 m; Aktionsradius bis 1800 km; Überführungsreichweite 4800 km, mit «Fast-Pack»-Zusatztanks 5560 km.
Gewichte: Leer 11 860 kg; beladen, ohne Aussenlasten 17 350 kg; max. Startgewicht für Interzeption 18 145 kg; max. Startgewicht für übrige Missionen 24 550 kg.
Bewaffnung: Eine 20-mm-Revolverkanone M-61A-1 zu 950 Schuss und, für eine Abfangmission, vier Luft-Luft-Lenkwaffen AIM-9L Sidewinder und vier AIM-7F Sparrow. Fünf externe Aufhängepunkte, wovon vier unter den Flügeln und einer unter dem Rumpf, für insgesamt 6800 kg Waffenlasten oder Treibstofftanks.
Entwicklungsstand: 20 Test- und Entwicklungsflugzeuge bestellt (18 F-15A und zwei TF-15A), wovon die erste F-15A am 27. Juli 1972, die erste TF-15A am 7. Juli 1973 erstmals flog. Gegenwärtig rechnet man mit dem Bau von 729 Eagles, rund 100 TF-15A inbegriffen. Die 25 von Israel bestellten F-15A sollen ab Februar 1977 abgeliefert werden. Erstflug der ersten Serienmaschine, einer TF-15A, am 25. September 1974.
Hersteller: McDonnell Douglas Corp., McDonnell Aircraft Company, St. Louis, Missouri, USA.

McDONNELL DOUGLAS F-15 EAGLE

Abmessungen: Spannweite 13,05 m, Länge 19,43 m, Höhe 5,63 m, Flügelfläche 56,5 m^2.

McDONNELL DOUGLAS F-4 PHANTOM II

Ursprungsland: USA.
Kategorie: Zweisitziger Abfangjäger und taktisches Kampfflugzeug.
Triebwerke: Zwei Strahltriebwerke General Electric J79-GE-17 oder J79-MTU-17A (Lizenzbau MTU, Westdeutschland) von je 5385 kp Standschub ohne und 8120 kp mit Nachbrenner.
Leistungen (F-4E): Höchstgeschw. ohne Aussenlasten 1464 km/h oder Mach 1,2 auf 300 m, 2414 km/h oder Mach 2,27 auf 12 200 m; Aktionsradius mit vier Luft-Luft-Lenkwaffen Sparrow III und vier Sidewinder 225 km, mit einem 2273-l-Zusatztank 315 km; Aktionsradius mit vier 450-kg-Bomben, vier Luft-Luft-Lenkwaffen, einem 2273-l- und zwei 1400-l-Zusatztanks 1056 km (Einsatzprofil hoch-tief-hoch); Überführungsreichweite 3700 km bei 925 km/h auf 12 200 m.
Gewichte (F-4E): Leer 13 800 kg; Startgewicht mit vier Sparrow-III-Lenkwaffen 21 500 kg; Startgewicht mit acht Lenkwaffen plus max. Zusatztreibstoff 26 300 kg; max. Überlast-Startgewicht 27 500 kg.
Bewaffnung: Eine 20-mm-Revolverkanone M-61A1 und, als Abfangjäger, vier oder sechs Luft-Luft-Lenkwaffen AIM-7E Sparrow IIIB plus vier Luft-Luft-Lenkwaffen AIM-9D Sidewinder, oder, als Erdkämpfer, bis zu 7260 kg Aussenlasten.
Entwicklungsstand: Die erste F-4E flog am 30. Juni 1967. Im Mai 1973 war die erste F-4F (für die bundesdeutsche Luftwaffe) fertiggestellt. Bis Anfang 1976 waren über 4700 Phantoms gebaut worden.
Bemerkungen: Abgesehen von der F-4E werden auch die Versionen RF-4E (siehe Ausgabe 1972), F-4EJ für Japan, und F-4F für die Bundesrepublik Deutschland gebaut. Die letztgenannte, welche nebenstehend abgebildet ist, wird hauptsächlich als Abfangjäger eingesetzt.
Hersteller: McDonnell Douglas Corp., McDonnell Aircraft Company, St. Louis, Missouri, USA.

McDONNELL DOUGLAS F-4 PHANTOM II

Abmessungen: Spannweite 11,70 m, Länge 19,20 m, Höhe 4,96 m, Flügelfläche 49,2 m².

McDONNELL DOUGLAS A-4N SKYHAWK II

Ursprungsland: USA.
Kategorie: Einsitziges Erdkampfflugzeug.
Triebwerke: Ein Strahltriebwerk Pratt & Whitney J52-P-408A von 5080 kp Standschub.
Leistungen: Höchstgeschw. ohne Aussenlasten 1102 km/h oder Mach 0,9 auf Meereshöhe, 1030 km/h auf 7620 m; Höchstgeschw. mit Aussenlasten 1080 km/h oder Mach 0,82 auf Meereshöhe, 973 km/h oder Mach 0,84 auf 9150 m; Aktionsradius mit 1814 kg Aussenlasten 547 km (Einsatzprofil hoch-tief-hoch); Anfangssteiggeschw. 80,5 m/Sek., bei 10 433 kg Fluggewicht 42,7 m/Sek.
Gewichte: Leer 4808 kg; max. Startgewicht 11 110 kg.
Bewaffnung: Zwei 30-mm-Kanonen DEFA und bis zu 3720 kg Aussenlasten.
Entwicklungsstand: Die erste A-4N flog erstmals am 12. Juni 1972; die Lieferungen (an Israel) begannen im November 1972. Die Produktion der vergleichbaren A-4M (oder A-4Y) dürfte bis mindestens 1977 aufrechterhalten bleiben.
Bemerkungen: Die A-4N besitzt im wesentlichen dasselbe Triebwerk und dieselbe Zelle wie die A-4M (siehe Ausgabe 1972), und beide Modelle tragen den Namen Skyhawk II, doch ist die A-4N mit einer anderen Bewaffnung, einem anderen Navigations- und Feuerleitgerät, und einem überarbeiteten Cockpit-Layout versehen. Kuwait bestellte Ende 1974 36 Skyhawks (A-4M). Alle A-4M des USMC werden mit neuem Cockpit und verbesserten Systemen ausgerüstet und tragen danach die Bezeichnung A-4Y. Erstflug der ersten Skyhawk, damals noch unter der Bezeichnung XA4D-1, am 22. Juni 1954.
Hersteller: McDonnell Douglas Corp., Douglas Aircraft Company, Long Beach, California, USA.

McDONNELL DOUGLAS A-4N SKYHAWK II

Abmessungen: Spannweite 8,38 m, Länge 12,27 m, Höhe 4,57 m, Flügelfläche 24,2 m².

McDONNELL DOUGLAS YC-15

Ursprungsland: USA.
Kategorie: Mittelschwerer taktischer STOL-Transporter.
Triebwerke: Vier Mantelstromtriebwerke Pratt & Whitney JT8D-17 von je 7260 kp Standschub.
Leistungen (geschätzt): Höchstgeschw. 861 km/h; Aktionsradius mit Kurzstart und -landung (STOL) 740 km bei 12 250 kg Zuladung; Aktionsradius mit konventionellem Start und Landung 740 km bei 28 120 kg Zuladung; Überführungsreichweite 4814 km.
Gewichte: Max. Startgewicht 98 285 kg.
Zuladung: Drei Mann Besatzung. Im Frachtraum können alle US-Army-Fahrzeuge bis 28 t Gesamtgewicht transportiert werden. Als Truppentransporter vermag die YC-15 bis zu 150 vollausgerüstete Soldaten zu befördern, ausserdem jede Kombination von Fracht und Personen, z. B. 40 Soldaten und sechs Frachtpaletten.
Entwicklungsstand: Erstflug der ersten YC-15 am 26. August 1975, der zweiten am 5. Dezember 1975. Die YC-15 wird an einem Ausscheidungsfliegen gegen die Boeing YC-14 (siehe Seiten 50—51), welches 1976-77 stattfindet, teilnehmen. Die USAF wird 1977/78 über das weitere Schicksal der beiden Typen entscheiden.
Bemerkungen: McDonnell Douglas' Konkurrentin im AMST-Wettbewerb der USAF um einen taktischen STOL-Transporter. Die YC-15 verdankt ihre Kurzstart- und -landeleistungen einer Anzahl von Hochauftriebshilfen, wie Doppelspaltklappen über 75 % der gesamten Spannweite, welche zum Teil von den Triebwerken angeströmt werden. Die YC-15 kann auf einer 600 m langen Piste starten und landen.
Hersteller: McDonnell Douglas Corp., Douglas Aircraft Company, Long Beach, California, USA.

McDONNELL DOUGLAS YC-15

Abmessungen: Spannweite 33,64 m, Länge 37,90 m, Höhe 13,20 m, Flügelfläche 161,7 m².

MIKOJAN MIG-21SMT (FISHBED-K)

Ursprungsland: UdSSR.
Kategorie: Einsitziges Mehrzweckkampfflugzeug.
Triebwerke: Ein Strahltriebwerk Tumanski R-13 von 5100 kp Standschub ohne und 6600 kp mit Nachbrenner.
Leistungen: Höchstgeschw. 1300 km/h oder Mach 1,06 auf 300 m, 2230 km/h oder Mach 2,1 auf über 11 000 m; Reichweite mit internem Treibstoff 1200 km; max. Flugdauer mit einem Zusatztank unter dem Rumpf 3,5 Std.; Dienstgipfel-einem Zusatztank 3,5 Std.; Dienstgipfelhöhe 18 000 m.
Gewichte: Normales Startgewicht (mit vier K-13 Luft-Luft-Lenkwaffen) 8392 kg; max. Startgewicht ca. 9500 kg.
Bewaffnung: Eine zweiläufige 23-mm-Kanone GSch-23 mit 200 Schuss und bis zu vier Luft-Luft-Lenkwaffen (Atoll oder deren Weiterentwicklungen) unter den Flügeln für Abfangeinsätze. Für den Erdkampfeinsatz verschiedene Aussenlasten, wie UV-16-57- oder UV-32-57-Raketenwerfer zu 16 bzw. 32 S-5-Raketen, 240-mm-Raketen S-24, oder 250-kg-Bomben.
Entwicklungsstand: Die MiG-21SMT ist eine fortgeschrittene Version der MiG-21MF (siehe Ausgabe 1974).
Bemerkungen: Die MiG-21SMT gehört zur sogenannten «dritten Generation» der MiG-21, und unterscheidet sich von der MiG-21MF hauptsächlich durch den vergrösserten Wulst zwischen Cockpit und Seitenleitwerk, welcher als Treibstofftank dient. Dadurch konnte die bisher ungenügende Reichweite verbessert und die Flügelstationen für Waffen freigehalten werden. Vermutlich verfügt die MiG-21SMT über eine moderne Elektronikausrüstung, u. a. auch über eine nach hinten gerichtete Radarantenne zur Warnung vor Angreifern.
Hersteller: Artem I. Mikojan u. Michail I. Gurewitsch, UdSSR.

MIKOJAN MIG-21SMT (FISHBED-K)

Abmessungen: Spannweite 7,15 m, Länge 15,76 m, Höhe 4,50 m, Flügelfläche 23,0 m².

MIKOJAN MIG-23 (FLOGGER)

Ursprungsland: UdSSR.
Kategorie: Einsitziges Mehrzweckkampfflugzeug und zweisitziger operationeller Trainer.
Triebwerke: Ein Mantelstromtriebwerk Tumanski von 6500 kp Standschub ohne und 9300 kp mit Nachbrenner.
Leistungen (geschätzt): Höchstgeschw. 1390 km/h oder Mach 1,2 auf Meereshöhe, bzw. 2446 km/h oder Mach 2,3 auf 12 000 m; Aktionsradius mit einem Aussentank (Einsatzprofil hoch-tief-hoch) 1000 km, bzw. 350 km (Einsatzprofil tief-tief-tief); Steigzeit auf 11 000 m 8,0 Min.; Reisegeschw. auf Meereshöhe 1040 km/h oder Mach 0,85; max. Reichweite 2500 km.
Gewichte (geschätzt): Normal beladen 15 700 kg; max. Startgewicht 17 750 kg.
Bewaffnung (Flogger-B): Eine zweiläufige 23-mm-Kanone GSch-23 plus zwei infrarotgesteuerte und zwei radargesteuerte Atoll-Luft-Luft-Lenkwaffen, bzw. (Flogger-D) eine sechsläufige 23-mm-Revolverkanone und bis zu 3000 kg Aussenlasten, verteilt unter fünf externe Aufhängepunkte.
Entwicklungsstand: Vermutlich steht die MiG-23 seit 1971 im Einsatz der Sowjetluftwaffe. In neuerer Zeit wurden auch die Luftwaffen von Ägypten, Irak, Libyen und Syrien mit der MiG-23 ausgerüstet.
Bemerkungen: Die MiG-23 steht gegenwärtig in drei Hauptversionen im Einsatz, nämlich der einsitzigen MiG-23F (Flogger-B) als Abfang- und Luftüberlegenheitsjäger mit 90 cm grossem Bordradar, der zweisitzigen MiG-23U (Flogger-C) als Trainer, und der einsitzigen MiG-23B (Flogger-D) als Erdkämpfer und zur Abschirmung des Kampfgebiets, mit anderer Rumpfnase und Laser-Distanzmessgerät (siehe Abbildung und Dreiseitenriss).
Hersteller: A. I. Mikojan und M. I. Gurewitsch, UdSSR.

MIKOJAN MIG-23 (FLOGGER)

Abmessungen: Spannweite 8,17—14,25 m, Länge 16,80 m, Höhe 3,95 m, Flügelfläche 27,3 m^2.

MIKOJAN MIG-25 (FOXBAT)

Ursprungsland: UdSSR.
Kategorie: Einsitziger Abfangjäger (Foxbat-A) und Höhenaufklärer (Foxbat-B).
Triebwerke: Zwei Mantelstromtriebwerke Tumanski von je ca. 7600 kp Standschub ohne und 11 000 kp mit Nachbrenner.
Leistungen (geschätzt): Kurzzeitig erreichbare Höchstgeschw. 3380 km/h oder Mach 3,2 auf 12 000 m; Steigzeit auf 11 000 m 2,5 Min., ohne Nachbrenner 8,0 Min.; Dienstgipfelhöhe 22 000 m; Abfangradius 1000 km; Flugdauer 3,5 Std.
Gewichte (geschätzt): Leer 15 420 kg; normal beladen 22 680 bis 24 950 kg; max. Startgewicht 29 120 kg.
Bewaffnung (Foxbat-A): Zwei infrarotgesteuerte und zwei halbaktiv-radargelenkte AAM-6-Luft-Luft-Lenkwaffen unter den Flügeln.
Entwicklungsstand: Prototypen vermutlich 1963-64 erstmals geflogen. Ablieferungsbeginn 1970-71.
Bemerkungen: Die Abfangversion (Foxbat-A) der MiG-25 unterscheidet sich vom Aufklärer (Foxbat-B) äusserlich zur Hauptsache durch eine andere Rumpfnase, wobei das J-Band-Radar durch Kameras ergänzt wurde. Die MiG-25 hat seit 1965 eine Anzahl von Weltrekorden aufgestellt, die neusten im Mai 1975 unter der Deckbezeichnung Ye-266M. Bei der Ye-266M handelt es sich um eine modifizierte MiG-25 mit zwei Triebwerken von je 14 000 kp Standschub mit Nachbrenner, bei den Rekorden um Steigzeit/Höhenrekorde (154,2 Sek. auf 25 000 m, 189,5 Sek. auf 30 000 m und 251,3 Sek. auf 35 000 m). Unter der Bezeichnung MiG-25U existiert eine zweisitzige Version mit zwei separaten Cockpits hinter- und übereinander.
Hersteller: Artem I. Mikojan u. Michail I. Gurewitsch, UdSSR.

MIKOJAN MIG-25 (FOXBAT)

Abmessungen: Spannweite 13,70 m, Länge 22,86 m, Höhe 5,50 m, Flügelfläche 40,4 m^2.

MITSUBISHI FS-T2 KAI

Ursprungsland: Japan.
Kategorie: Einsitziges Erdkampfflugzeug.
Triebwerke: Zwei Mantelstromtriebwerke Ishikawajima-Harima TF40-IHI-801A (Rolls-Royce/Turboméca RB.172-T.260 Adour) von je 1730 kp Standschub ohne und 3210 kp mit Nachbrenner.
Leistungen: Höchstgeschw. 1700 km/h oder Mach 1,6 auf 12 200 m; Aktionsradius (Einsatzprofil hoch-tief-hoch) mit zwölf 230-kg-Bomben 555 km; max. Überführungsreichweite 2870 km; Steigzeit auf 11 000 m 2,0 Min.
Gewichte: Leer 6500 kg; max. Startgewicht 13 700 kg.
Bewaffnung: Eine mehrläufige 20-mm-Kanone M-61A-1 und bis zu 3630 kg Aussenlasten, verteilt unter sechs Flügelstationen und einen Aufhängepunkt unter dem Rumpf. An den Flügelspitzen können zwei infrarotgesteuerte Luft-Luft-Lenkwaffen angebracht werden. Typische Waffenlasten sind acht 230-kg-Bomben plus zwei 830-l-Zusatztanks.
Entwicklungsstand: Jungfernflug des ersten Prototyps am 7. Juni 1975; der zweite war schon am 3. Juni 1975 geflogen. Eine erste Serie von 18 Serienflugzeugen soll zwischen September 1977 und März 1978 an die japanische Luftwaffe (JASDF) geliefert werden, gefolgt von weiteren 50 Serienmaschinen bis März 1980.
Bemerkungen: Die FS-T2 Kai ist eine einsitzige Erdkampfversion des zweisitzigen Trainers T-2 (siehe Ausgabe 1975); Unterschiede zwischen den beiden Typen bestehen vor allem im Cockpit, im passiven Warnradar auf dem Seitenleitwerk, zwei zusätzlichen externen Aufhängepunkten sowie einem neuen Feuerleitgerät der FS-T2 Kai.
Hersteller: Mitsubishi Heavy Industries, Ltd., Nagoya, Japan.

MITSUBISHI FS-T2 KAI

Abmessungen: Spannweite 7,87 m, Länge 17,86 m, Höhe 4,44 m, Flügelfläche 21,2 m².

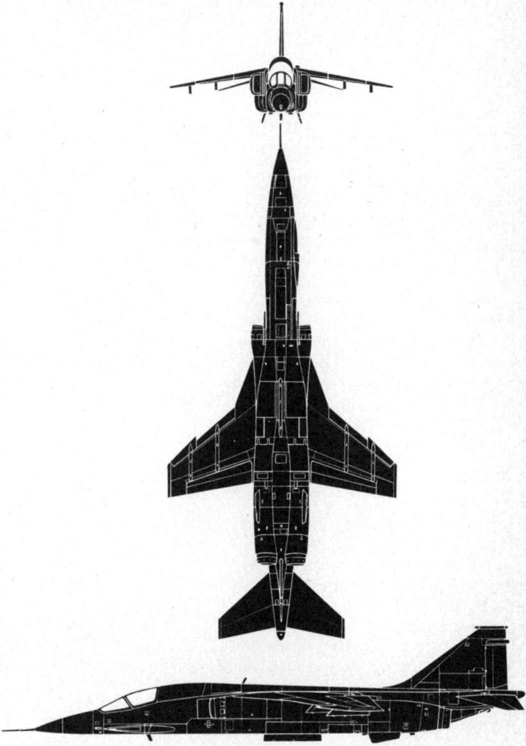

NORTHROP F-5E TIGER II

Ursprungsland: USA.
Kategorie: Einsitziger Luftüberlegenheitsjäger.
Triebwerke: Zwei Strahltriebwerke General Electric J85-GE-21 von je 1590 kp Standschub ohne und 2270 kp mit Nachbrenner.
Leistungen: Höchstgeschw. (bei 6000 kg Fluggewicht) 1700 km/h oder Mach 1,6 auf 11 000 m, 1223 km/h oder Mach 1,0 auf Meereshöhe; Höchstgeschw. mit Lenkwaffen an den Flügelspitzen 1594 km/h oder Mach 1,5 auf 11 000 m; Aktionsradius 278 km, mit einem 1040-l-Zusatztank 686 km; Anfangssteiggeschw. (bei 6000 kg Fluggewicht) 160,5 m/Sek.; Dienstgipfelhöhe 16 300 m.
Bewaffnung: Zwei 20-mm-Kanonen zu je 280 Schuss und zwei Luft-Luft-Lenkwaffen AIM-9 Sidewinder an den Flügelspitzen. Bis zu 3175 kg Aussenlasten, verteilt unter fünf Aufhängepunkte.
Entwicklungsstand: Die erste F-5E startete am 11. August 1972 zu ihrem Erstflug. Ablieferungsbeginn Februar 1973. 48 Einheiten 1973, 158 Einheiten 1974, 250 Einheiten 1975 abgeliefert. Produktionsrate 18 Flugzeuge pro Monat. Ablieferungsbeginn des Zweisitzers F-5F Juni 1976.
Bemerkungen: Die F-5E II ist eine stärkere Version der F-5A (siehe Ausgabe 1970), Gewinner der USAF-Ausschreibung für ein «Internationales Kampfflugzeug» (International Fighter Aircraft) vom November 1970. Unter dem militärischen Hilfsprogramm MAP sollen 325 Tiger II an Südkorea, Nationalchina, Thailand und Jordanien geliefert werden. Weitere Bestellungen trafen aus Persien, Brasilien, Chile, Saudiarabien, Marokko, der Schweiz und Malaysia ein.
Hersteller: Northrop Corp., Aircraft Division Hawthorne, California, USA.

NORTHROP F-5E TIGER II

Abmessungen: Spannweite 8,14 m, Länge 14,69 m, Höhe 4,06 m, Flügelfläche 17,3 m².

NZAI CT-4 AIRTRAINER

Ursprungsland: Neuseeland.
Kategorie: Grundschultrainer.
Triebwerke: Ein Sechszylinder-Boxermotor Continental IO-360-D von 210 PS Startleistung.
Leistungen: Höchstgeschw. 294 km/h auf Meereshöhe, 270 km/h auf 3050 m; Reisegeschw. bei 75 % Leistung 254 km/h auf Meereshöhe, 232 km/h auf 3050 m; Reisegeschw. bei 55 % Leistung 222 km/h auf Meereshöhe; max. Reichweite bei 65 % Leistung 1326 km auf 1500 m bei 217 km/h; max. Reichweite mit zwei 80-l-Flügelspitzentanks 2253 km auf 1500 m; Anfangssteiggeschw. 6,8 m/Sek.
Gewichte: Leer 690 kg; max. Startgewicht 1090 kg.
Zuladung: Zwei Personen.
Entwicklungsstand: Erstflug des Prototyps am 21. Februar 1972, des ersten Serienflugzeugs (bestimmt für die thailändische Luftwaffe) im Oktober 1973. Die CT-4 wurde für die thailändische Luftwaffe (24 Flugzeuge), die neuseeländische Luftwaffe (13 Flugzeuge), die Royal Hongkong Auxiliary Air Force (3 Flugzeuge), und die australische Luftwaffe (37 Flugzeuge) bestellt, wovon die erste Serienmaschine im Januar 1975 abgeliefert wurde. Die Lieferungen an Australien waren im März 1976 abgeschlossen. Die Flugversuche mit dem Prototyp werden mit stärkeren Triebwerken fortgeführt.
Bemerkungen: Die Firma New Zealand Aerospace Industries Ltd. (NZAI) entstand 1973 aus dem Zusammenschluss der beiden Firmen Aero Engine Service Ltd. und Air Parts (NZ).
Hersteller New Zealand Aerospace Industries Ltd., Hamilton Airport, Hamilton, Neuseeland.

NZAI CT-4 AIRTRAINER

Abmessungen: Spannw. 7,92 m, Länge 7,06 m, Höhe 2,59 m, Flügelfläche 12,0 m^2.

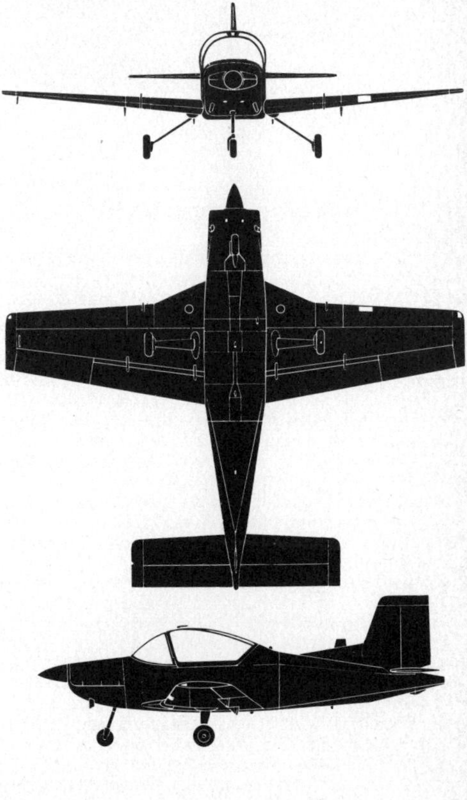

PANAVIA TORNADO

Ursprungsland: Internationales Konsortium (Grossbritannien, Westdeutschland und Italien).
Kategorie: Zweisitziges Mehrzweck-Kampfflugzeug.
Triebwerke: Zwei Mantelstromtriebwerke Turbo-Union RB. 199-34R-2 von je 3855 kp Standschub ohne und 6575 kp mit Nachbrenner.
Leistungen (geschätzt): Höchstgeschw. 1350 km/h oder Mach 1,1 auf 150 m, bzw. 2230 km/h oder Mach 2,1 auf 11 000 m; Aktionsradius (Einsatzprofil hoch-tief-hoch mit internem Treibstoff 900 km; Dienstgipfelhöhe 15 000 m plus.
Gewichte (geschätzt): Leer 12 500 kg; beladen, ohne Aussenlasten 18 000 kg; max. Startgewicht 23 000 kg.
Bewaffnung: Zwei 27-mm-Mauser-Kanonen zu je 125 Schuss plus verschiedene Kombinationen von Waffen unter Flügel und Rumpf (vier Aufhängepunkte unter den Flügeln, drei unter dem Rumpf).
Entwicklungsstand: Erster von neun Prototypen und Vorserienflugzeugen flog erstmals am 14. August 1974; seither haben fünf weitere die Versuchsflüge aufgenommen, drei in Grossbritannien, einer in Deutschland und einer in Italien. Später sollen noch sechs Vorserienflugzeuge gebaut werden, gefolgt von 385 Serienflugzeugen für Grossbritannien, 202 für die deutsche Flugwaffe, 120 für die deutsche Marine, und 100 für die italienische Luftwaffe. Erste Ablieferungen 1978.
Bemerkungen: Die Tornado (alias MRCA) wurde von der multinationalen Panavia Aircraft GmbH entwickelt.
Hersteller: Panavia Aircraft GmbH, München, Westdeutschland.

Abmessungen: Spannweite 8,36—13,90 m, Länge 8,36 m, Höhe 5,74 m.

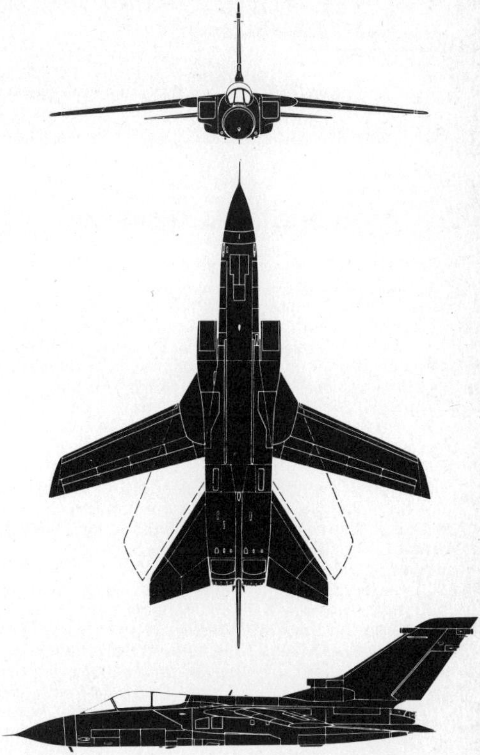

PIPER CHEROKEE ARCHER II

Ursprungsland: USA.
Kategorie: Leichtes Reiseflugzeug.
Triebwerke: Ein Vierzylinder-Boxermotor Avco Lycoming O-360-A3A von 180 PS Startleistung.
Leistungen: Max. Reisegeschw. (75 % Leistung) 233 km/h auf 2130 m; Reichweite mit max. Reisegeschw. in optimaler Flughöhe 1240 km, mit 65 %Leistung 1448 km; Anfangssteiggeschw. 3,8 m/Sek.; Dienstgipfelhöhe 4160 m.
Gewichte: Leer 633 kg; max. Startgewicht 1110 kg.
Zuladung: Vier Personen. Doppelsteuer serienmässig.
Entwicklungsstand: Die Archer II ist im Oktober 1975 als Ersatz für die Archer I eingeführt worden und gehört zur Serie der 1976er Modelle von Piper. Die Produktion von Cherokees aller Modelle überstieg letztes Jahr 120 Einheiten im Monat.
Bemerkungen: Die neue Archer II unterscheidet sich vom früheren Modell, welches seinerseits 1974 die mit demselben Triebwerk ausgerüstete Challenger (siehe Ausgabe 1973) ersetzte, hauptsächlich durch einen Trapezflügel mit grösserer Spannweite, wie ihn auch die Warrior (siehe Ausgabe 1974) besitzt. Dadurch lassen sich Nutzlast und Reisegeschwindigkeit erhöhen. Die Archer II ist, bis auf das stärkere Triebwerk, mit der Warrior (ein Avco Lycoming O-320-E3D von 150 PS Startleistung) identisch. Ein weiteres Modell der Cherokee-Reihe, die Arrow II, entspricht der früheren Archer, besitzt aber ein Einziehfahrwerk und ein 200-PS-Triebwerk Avco Lycoming O-360-C1C.
Hersteller: Piper Aircraft Corp., Lock Haven, Pennsylvania, USA.

PIPER CHEROKEE ARCHER II

Abmessungen: Spannweite 10,67 m, Länge 7,32 m, Höhe 2,38 m, Flügelfläche 15,8 m^2.

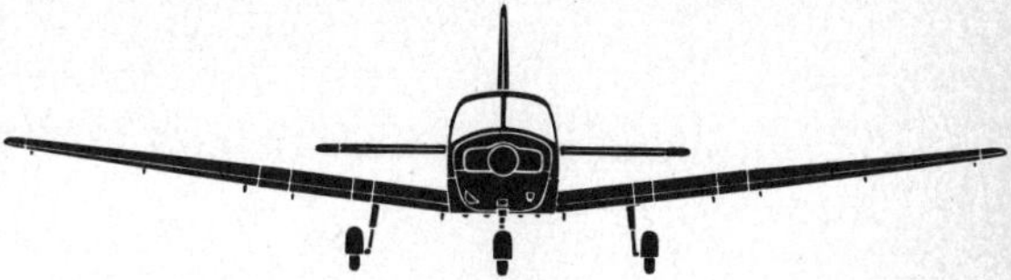

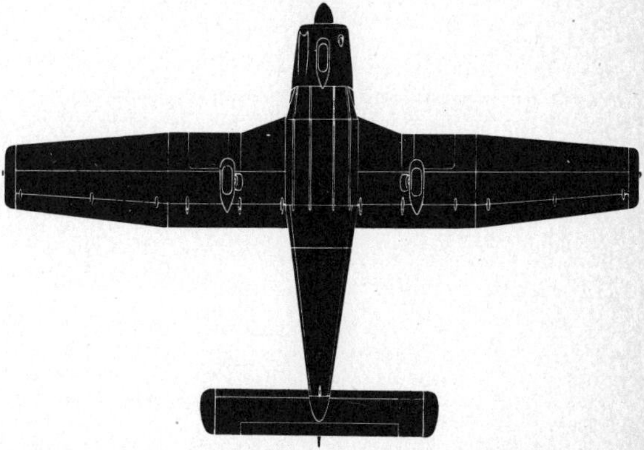

PIPER CHEROKEE LANCE

Ursprungsland: USA.
Kategorie: Leichtes Reiseflugzeug.
Triebwerke: Ein Sechszylinder-Boxermotor Avco Lycoming IO-540-K1A5 von 300 PS Startleistung.
Leistungen: Höchstgeschw. 306 km/h; max. Reisegeschw. (75 % Leistung) 293 km/h auf optimaler Flughöhe; Reichweite (75 % Leistung) 1618 km, bzw. 1803 km (55 % Leistung); max. Steiggeschw. 5,1 m/Sek.; Dienstgipfelhöhe 4450 m.
Gewichte: Leer 867 kg; max. Startgewicht 1630 kg.
Zuladung: Sechs Personen. Doppelsteuer serienmässig.
Entwicklungsstand: Erstflug des Prototyps im August 1974; Beginn der Kundenlieferungen im Oktober 1975.
Bemerkungen: Die Lance besitzt praktisch denselben Rumpf wie die zweimotorige Seneca II, welche aus der Cherokee Six entstand. Ebenso finden Einziehfahrwerk und Tanksystem der Seneca II in der Lance Verwendung. Beide Typen werden auf der gleichen Montagestrasse zusammengebaut, wie übrigens auch die Cherokee Six. Die Cherokee Six, welche in zwei Ausführungen erhältlich ist, einmal als Cherokee Six 260 mit einem 260-PS-Triebwerk und einmal mit 300-PS-Triebwerk, differiert von der Lance durch ihr starres Bugradfahrwerk und ein einfacheres Tanksystem mit Zusatztanks in den GFK-Flügelrandbögen. 1975 wurden monatlich 17—18 Cherokee Six hergestellt. Die Piper Cherokee, deren erste Serienmaschine am 10. Februar 1961 erstmals flog, ist ein preisgünstiges, anspruchsloses Sport- und Reiseflugzeug, das bis heute in rund 2500 Exemplaren gebaut worden ist.
Hersteller: Piper Aircraft Corp., Lock Haven, Pennsylvania, USA.

PIPER CHEROKEE LANCE

Abmessungen: Spannweite 9,99 m, Länge 8,45 m, Höhe 2,41 m, Flügelfläche 16,2 m².

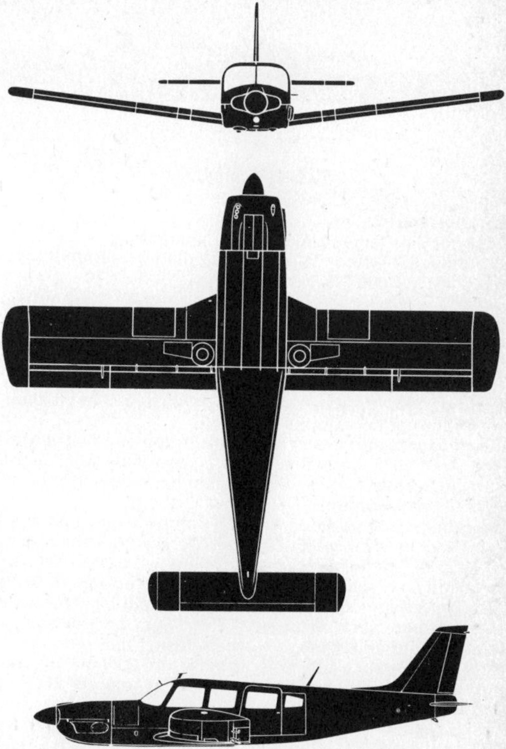

PZL-106 KRUK

Ursprungsland: Polen.
Kategorie: Einsitziges Landwirtschaftsflugzeug.
Triebwerke: Ein luftgekühlter Siebenzylinder-Sternmotor PZL-3S (LIT-3S) von 600 PS Startleistung.
Leistungen (Serienversion): Höchstgeschw. 220 km/h auf 2000 m; max. Reisegeschw. 180 km/h; Arbeitsgeschw. mit 1000 kg Chemikalien 120—160 km/h.
Gewichte (Serienversion): Leer 1600 kg; max. Startgewicht 3000 kg.
Zuladung: 1000 kg feste oder 1250 l flüssige Chemikalien in einem Tank vor dem Cockpit.
Entwicklungsstand: Erster von drei Prototypen flog erstmals am 17. April 1973, gefolgt von den beiden andern im Oktober 1973 und Oktober 1974. Die Serienherstellung dürfte 1976 aufgenommen werden.
Bemerkungen: Die beiden ersten Prototypen werden von einem Avco Lycoming IO-720-A1B Achtzylinder-Boxermotor von 400 PS Startleistung angetrieben, während der dritte über einen polnischen Sternmotor PZL-3S verfügt. Im Gegensatz zum Serienmodell, welches Metallflügel besitzt, war der erste Prototyp noch mit einem Holzflügel ausgerüstet; die Flügel der Serienflugzeuge werden ausserdem eine um 1,80 m grössere Spannweite, was in einer um 3,83 m^2 grösseren Flügelfläche resultiert, haben. Nach den ersten Versuchsflügen erhielt der Flügel eine Pfeilung von neun Grad. Schätzungen gemäss dürften mindestens 600 Einheiten der Kruk (Rabe) für die Mitgliedländer des CMEA (Council for Mutual Economic Aid) gebaut werden.
Hersteller: WSK-Okecie (Wytwornia Sprzetu Komunikacyjnego-Okecie), Warschau-Okecie, Polen.

Abmessungen (Serienversion): Spannweite 14,80 m, Länge 8,90 m, Höhe 2,90 m, Flügelfläche 33,4 m².

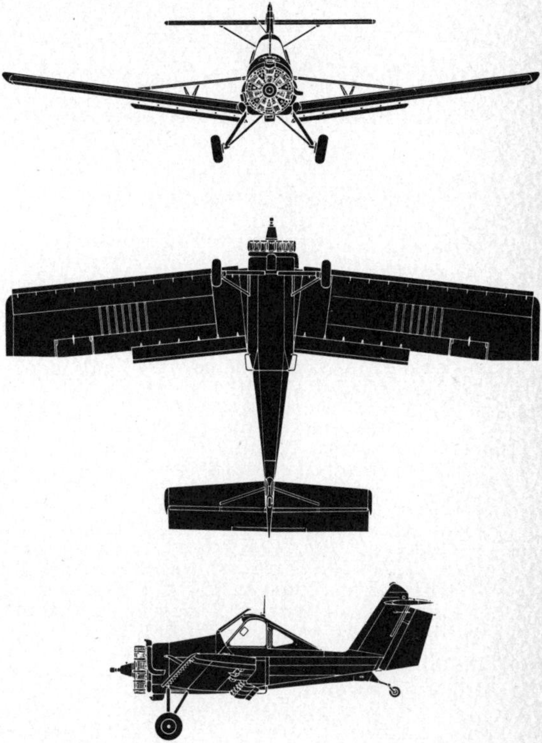

ROCKWELL COMMANDER 114

Ursprungsland: USA.
Kategorie: Leichtes Reiseflugzeug.
Triebwerke: Ein Sechszylinder-Boxermotor Avco Lycoming IO-540-T4A5D von 260 PS Startleistung.
Leistungen: Höchstgeschw. 298 km/h auf Meereshöhe; Reisegeschw. (75 % Leistung) auf optimaler Flughöhe 290 km/h; Reichweite (inkl. 45 Min. Reserven bei 45 % Leistung) 1158 km mit 75 % Leistung, bzw. 1319 km bei 55 % Leistung; Anfangssteiggeschw. 5,4 m/Sek.; Dienstgipfelhöhe 5120 m.
Gewichte: Leer 812 kg; max. Startgewicht 1425 kg.
Zuladung: Vier Personen.
Entwicklungsstand: Die Commander 114 wurde im November 1975 eingeführt und wird ab Frühjahr 1976 ausgeliefert. Sie wird zusammen mit der Commander 112A, welche 1974 die Commander 112 ersetzte, in Serie gebaut. Ablieferungsbeginn der Commander 112 Ende 1972. Von der Commander 112A wurden 1975 monatlich 15—16 Einheiten hergestellt.
Bemerkungen: Die neue Commander 114 unterscheidet sich von der Commander 112A durch das stärkere Triebwerk (Commander 112A: ein Avco Lycoming IO-360-C1D6 von 200 PS Startleistung). Das Modell 112TC, welches parallel zur Commander 114 entwickelt wurde, besitzt einen aufgeladenen Boxermotor TO-360-C1A6D von 210 PS Startleistung sowie eine vergrösserte Spannweite von 10,86 m. Erstflug des Prototyps der Rockwell Commander 112 am 4. Dezember 1970.
Hersteller: Rockwell International Corp., General Aviation Division, Bethany, Oklahoma, USA.

ROCKWELL COMMANDER 114

Abmessungen: Spannw. 9,98 m, Länge 7,57 m, Höhe 2,56 m, Flügelfläche 14,1 m².

ROCKWELL INTERNATIONAL B-1

Ursprungsland: USA.
Kategorie: Schwerer strategischer Bomber.
Triebwerke: Vier Mantelstromtriebwerke General Electric F101-GE-100 von je 7700 kp Standschub ohne und 13 600 kp mit Nachbrenner.
Leistungen (Prototypen, geschätzt): Höchstgeschw. 2334 km/h oder Mach 2,2 auf 12 200 m, bzw. 1450 km/h oder Mach 1,2 auf 460 m, oder 1042 km/h (Mach 0,85) auf Meereshöhe; max. Reichweite mit internem Treibstoff 9820 km.
Gewichte: Max. Startgewicht 176 820 kg.
Bewaffnung: 24 Boeing AGM-69A SRAM (Short Range Attack Missile) in drei Waffenschächten oder entsprechende Waffenlast an konventionellen oder nuklearen Bomben, plus zusätzlich acht Luft-Boden-Lenkwaffen an zwei externen Aufhängepunkten. Totale zulässige Waffenlast 52 160 kg.
Entwicklungsstand: Der erste von vier Prototypen flog erstmals am 23. Dezember 1974, die drei anderen sollen im März und Juni 1976, bzw. im Februar 1979 flugbereit sein. Im November 1976 wird entschieden, ob die B-1 in Serie gebaut werden soll. Die USAF hofft auf genügend Kredite zur Finanzierung von 240 Einheiten. Die ursprünglichen Studien zur B-1 (alias AMSA) reichen bis 1962 zurück.
Bemerkungen: Um den Stückpreis für die B-1 etwas zu senken, soll die Serienversion mit gewöhnlichen Schleudersitzen anstelle der absprengbaren Kabine und feste statt verstellbare Lufteinlässe erhalten. Diese Neuerungen werden mithilfe eines vierten Prototyps erprobt, ausserdem können durch diese und einige andere Änderungen Gewichtseinsparungen von insgesamt 4500 kg erzielt werden. Durch die starren Lufteinlässe reduziert sich die Höchstgeschwindigkeit der B-1 um etwa Mach 0,6.
Hersteller: Rockwell International Corp., North American Aerospace Group, Los Angeles, California, USA.

Abmessungen: Spannweite 23,83—41,66 m, Länge 45,80 m, Höhe 10,24 m, Flügelfläche 181,2 m².

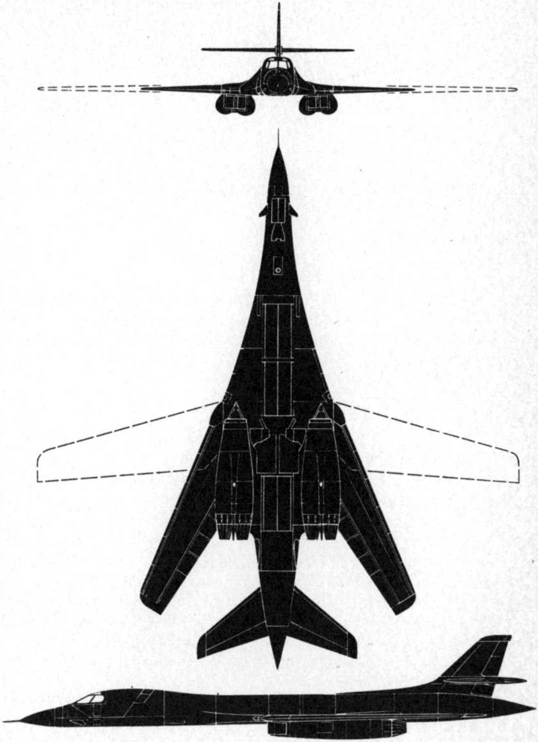

SAAB SUPPORTER

Ursprungsland: Schweden.
Kategorie: Zweisitziger Grundschultrainer, leichter Erdkämpfer und Verbindungsflugzeug.
Triebwerke: Ein Vierzylinder-Boxermotor Avco Lycoming IO-360-A1B6 von 200 PS Startleistung.
Leistungen: Höchstgeschw. (Fluggewicht 900 kg) 250 km/h auf Meereshöhe, bzw. 246 km/h (Fluggewicht 1100 kg); Reisegeschw. mit 75 % Leistung (Fluggewicht 900 kg) 222 km/h auf Meereshöhe; Reichweite (ohne Aussenlasten), inkl. 10 % Reserven) 933 km bei 209 km/h auf Meereshöhe; Anfangssteiggeschw. (1000 kg Fluggewicht) 5,5 m/Sek.
Gewichte: Leer 642 kg; max. Startgewicht 1100 kg.
Bewaffnung (als Erdkämpfer): Sechs Flügelstationen, wovon die inneren beiden je 150 kg, die übrigen je 100 kg Waffen tragen können. Das Maximalgewicht für Aussenlasten beträgt 300 kg. Als typische Waffen gelten sechs Bofors Panzerabwehrraketen, 18 75-mm-Bofors-Raketen, zwei 7,62-mm-MG's, oder vier Abel-Raketenwerfer zu je sieben 68-mm-Raketen.
Entwicklungsstand: Erstflug des Prototyps MFI-15 am 11. Juli 1969, gefolgt vom ersten von 12 Vorserienflugzeugen (Safari/Supporter) am 9. April 1973. Die erste Serie von 68 Flugzeugen wurde im Juli 1974 aufgelegt und sollte ab Februar 1975 zur Auslieferung gelangen.
Bemerkungen: Die Safari (alias MFI-15) ist das zivile Gegenstück zur militärischen Supporter (früher MFI-17). Von der Supporter wurden 45 Einheiten von Pakistan und 32 von Dänemark in Auftrag gegeben.
Hersteller: Saab-Scania Aktiebolag, Aerospace Division, Linköping, Schweden.

SAAB SUPPORTER

Abmessungen: Spannweite 8,85 m, Länge 7,00 m, Höhe 2,60 m, Flügelfläche 11,9 m^2.

SAAB (JA) 37 VIGGEN

Ursprungsland: Schweden.
Kategorie: Einsitziger Allwetter- Abfangjäger mit sekundärer Eignung als Erdkämpfer.
Triebwerke: Ein Mantelstromtriebwerk Volvo Flygmotor RM 8B von 7350 kp Standschub ohne und 12 750 kp mit Nachbrenner.
Leistungen (geschätzt): Höchstgeschw. mit zwei Luft-Luft-Lenkwaffen RB 24 Sidewinder 2125 km/h oder Mach 2,0 auf 11 000 m, bzw. 1465 km/h oder Mach 1,2 auf 300 m; Aktionsradius (Abfangeinsatz mit zwei Sidewinder-Lenkwaffen, Mach 2,0) 400 km, oder, als Erdkämpfer (Einsatzprofil tief-tief-tief mit sechs Bomben Mk.82) 480 km; Steigzeit auf 10 000 m 1,4 Min.
Gewichte (geschätzt): Leer 12 200 kg; beladen mit zwei Luft-Luft-Lenkwaffen 16 800 kg; max. Startgewicht 22 500 kg.
Bewaffnung: Eine halbversenkt eingebaute 30-mm-Kanone Oerlikon KCA zu 150 Schuss und bis zu 6000 kg Kampflasten, verteilt unter vier Flügel- und drei Rumpfstationen.
Entwicklungsstand: Erster von vier Prototypen (umgebaute AJ 37) im Juni 1974 erstmals geflogen; ein fünfter Prototyp wird von Grund auf als JA 37 gebaut. Danach wird die Serienproduktion anlaufen. Von den benötigten 150—200 Flugzeugen für die schwedischen Luftstreitkräfte wurden 1974 bereits 30 fest bestellt; es ist vorgesehen, ab 1978 acht Staffeln mit der JA 37 auszurüsten.
Bemerkungen: Die JA-37 ist die Abfangjägerversion der Viggen mit stärkerem Triebwerk, entsprechender Bewaffnung und X-Band-Dopplerradar. Weitere Versionen der Viggen sind die SF 37 (Erdkämpfer, siehe Ausgabe 1974), die SH 37 (taktischer Aufklärer) und die SK 37 (zweisitziger Trainer).
Hersteller: Saab-Scania Aktiebolag, Aerospace Division, Linköping, Schweden.

SAAB (JA) 37 VIGGEN

Abmessungen: Spannweite 10,60 m, Länge 15,45 m, Höhe 5,90 m, Flügelfläche 52,2 m^2.

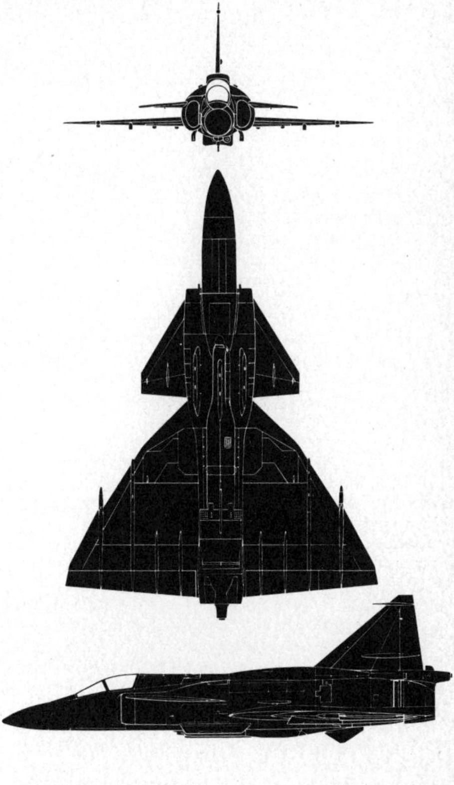

SCOTTISH AVIATION BULLDOG 200

Ursprungsland: Grossbritannien.
Kategorie: Viersitziges militärisches Mehrzweckflugzeug.
Triebwerke: Ein Vierzylinder-Boxermotor Avco Lycoming IO-360-A1B6 von 200 PS Startleistung
Leistungen (geschätzt): Höchstgeschw. 278 km/h auf Meereshöhe; Reisegeschw. bei 75 % Leistung 261 km h auf 1220 m; max. Reichweite mit 55 % Leistung 1094 km; max. Flugdauer 5 Std.; Anfangssteiggeschw. 5,9 m/Sek.; Dienstgipfelhöhe 5650 m.
Gewichte: Typisches Leergewicht 820 kg; max. Startgewicht für Akrobatik 1040 kg; max. Startgewicht 1180 kg.
Bewaffnung (als Waffentrainer oder leichter Erdkämpfer): Vier Flügelstationen mit einer totalen Tragkraft von 290 kg.
Entwicklungsstand: Der Prototyp sollte im Mai 1976 seinen Erstflug ausführen. Mit Ablieferungen kann frühestens 1977 gerechnet werden.
Bemerkungen: Die Bulldog 200 ist eine Weiterentwicklung der Bulldog 120 (siehe Ausgabe 1974) mit Einziehfahrwerk, welche diese nicht ersetzen, sondern ergänzen soll. Sie kann als Waffentrainer, als leichtes Erdkampf- oder Aufklärungsflugzeug, Schulflugzeug, für die Verbindung oder für andere militärische Zwecke verwendet werden. Hauptunterschiede gegenüber der Bulldog 120 sind das Einziehfahrwerk, eine längere und schlankere Motorverschalung, ein versetztes Brandschott und eine geänderte Cockpitverglasung. Die ersten 98 Bulldogs entsprachen dem Serie-100-Standard, die weiteren demjenigen der Serie 120, welche geringfügige Veränderungen gegenüber der ersteren aufweist.
Hersteller: Scottish Aviation Ltd., Prestwick International Airport, Ayrshire, Grossbritannien.

SCOTTISH AVIATION BULLDOG 200

Abmessungen: Spannweite 10,06 m, Länge 7,08 m, Höhe 2,28 m, Flügelfläche 12,0 m^2.

SEPECAT JAGUAR G.R.MK.1

Ursprungsland: Frankreich und Grossbritannien.
Kategorie: Einsitziges taktisches Kampfflugzeug.
Triebwerke: Zwei Mantelstromtriebwerke Rolls-Royce-Turboméca RT.172.Adour 102 von je 2100 kp Standschub ohne und 3240 kp mit Nachbrenner.
Leistungen: Höchstgeschw. 1320 km/h oder Mach 1,1 auf 300 m, 1700 km/h oder Mach 1,6 auf 10 000 m; Reisegeschw. mit max. Waffenlast 690 km/h oder Mach 0,65 auf 12 000 m; Reichweite mit Aussentanks (Einsatzprofil tief-tief-tief) 724 km, bzw. 1142 km (Einsatzprofil hoch-tief-hoch); Überführungsreichweite 3650 km.
Gewichte: Normales Startgewicht 10 430 kg; max. Startgewicht 14 790 kg.
Bewaffnung: Zwei 30-mm-Aden-Kanonen und bis zu 4535 kg Aussenlasten, verteilt unter fünf Aufhängepunkte.
Entwicklungsstand: Erster von acht Prototypen am 8. September 1968 geflogen. Erstflüge der ersten Serienmaschinen: Jaguar E 2. November 1971, Jaguar A 20. April 1972, Jaguar S 11. Oktober 1972, Jaguar B (Prototyp) 30. August 1971. Zu Beginn 1976 waren von Frankreich 180 und von Grossbritannien 202 Jaguars bestellt.
Bemerkungen: Die französischen Versionen sind die Jaguar A (einsitziger Erdkämpfer) und die Jaguar E (zweisitziger Trainer), die britischen die Jaguar S (G.R.Mk.1, einsitziger Erdkämpfer) und die Jaguar B (T.Mk.2, zweisitziger Trainer). Die G.R.Mk.1 unterscheidet sich von der Jaguar A durch einen Laser-Entfernungsmesser in der Rumpfnase und zusätzliche Elektronik im Seitensteuer. Die Exportversion Jaguar International mit Adour 804 wurde bisher von Oman (12) und Ekuador (12) in Auftrag gegeben.
Hersteller: Société Européenne de Production de l'Avion Ecole de Combat et Appui Tactique, BAC und Dassault-Breguet.

SEPECAT JAGUAR G.R.MK.1

Abmessungen: Spannweite 8,69 m, Länge 15,52 m, Höhe 4,89 m, Flügelfläche 24,2 m².

SHIN MEIWA US-1

Ursprungsland: Japan.
Kategorie: Amphibisches Seenotrettungsflugzeug.
Triebwerke: Vier Propellerturbinen General Electric (Lizenz Ishikawajima) T64-IHI-10 von je 3060 WPS Leistung.
Leistungen: Höchstgeschw. 500 km/h auf 3000 m; Langstrekken-Reisegeschw. (mit zwei Triebwerken) 325 km/h auf 2500 m; Arbeitsgeschw. 259 km/h auf 300 m; Aufenthaltsdauer im Zielgebiet 6 Std. bei einer Entfernung von 1110 km vom Stützpunkt; max. Aktionsradius 5060 km; Anfangssteiggeschw. 12,0 m/Sek; Dienstgipfelhöhe 8500 m.
Gewichte: Leer 23 900 kg; max. Startgewicht 45 000 kg.
Zuladung: Acht Mann Besatzung (Pilot, Copilot, Flugingenieur, Radaroperateur, Navigator, Radiooperateur, Beobachter und Rettungsspezialist). Als Sanitätsflugzeug 36 Patienten und fünf Pfleger.
Entwicklungsstand: Erstes von drei von der japanischen Marine bestellten US-1-Flugbooten flog am 16. Oktober 1974 und wurde im März 1975 abgeliefert. Die beiden anderen folgten im Juni und im Dezember 1975. Die Entwicklung ist noch nicht abgeschlossen.
Bemerkungen: Die US-1 (alias SS-2A) ist eine spezielle Rettungsversion des Marine-Patrouillenflugzeugs SS-2 (siehe Ausgabe 1974). Im Unterschied zur letzteren besitzt die US-1 Fahrwerkwülste auf den Rumpfseiten und eine General-Electric-Gasturbine T58-10 von 1400 äWPS Leistung zum Betrieb eines Grenzschicht-Kontrollsystems für Flügelklappen, Seiten- und Höhenruder. Die japanische Marine (JMSDF) bezeichnet ihre US-1 als PS-1 Mod. (modifiziert). In ihrer Funktion als Seenot-Rettungsflugzeug kann die US-1 bis zu zwölf Schiffbrüchige aufnehmen.
Hersteller: Shin Meiwa Industry Co Ltd., Nishinomiya City, Japan.

SHIN MEIWA US-1

Abmessungen: Spannweite 32,78 m, Länge 33,50 m, Höhe 9,83 m, Flügelfläche 135,0 m².

SHORTS SD3-30

Ursprungsland: Grossbritannien.
Kategorie: Zubringerflugzeug und Mehrzwecktransporter.
Triebwerke: Zwei Propellerturbinen Pratt & Whitney (Canada) PT6A-45 von je 1120 WPS Leistung.
Leistungen (9100 kg Fluggewicht): Max. Reisegeschw. 365 km/h auf 3050 m; ökonom. Reisegeschw. 297 km/h auf 3050 m; Reichweite mit 30 Passagieren und 2700 kg Gepäck, ohne Reserven 800 km; Überführungsreichweite 1850 km; max. Steiggeschw. 6,1 m/Sek.
Gewichte: Leer (Passagierversion) 6441 kg; max. Startgewicht 9980 kg.
Zuladung: Zwei Mann Besatzung und 30 Passagiere plus 455 kg Gepäck in zwei Gepäckabteilen.
Entwicklungsstand: Erstflug am 22. August 1974; zweiter Prototyp entspricht dem Serienmodell und startete am 8. Juli 1975 zum Jungfernflug. Erstes Serienflugzeug flog erstmals im Dezember 1975. Die Bestellungen zu Beginn 1976 umfassten u. a. drei SD3-30 für Command Airways und drei für Times Air. Maximale Produktionsrate pro Monat: vier Flugzeuge.
Bemerkungen: Die SD3-30 eignet sich vor allem als Taxi- und Zubringerflugzeug für Regionalgesellschaften, lässt sich aber auch als Militärtransporter verwenden. Eine entsprechende Version ist unter der Bezeichnung SD3-M bekannt und vermag 31 vollausgerüstete Soldaten zu befördern. Weitere Anwendungsmöglichkeiten ergeben sich als Vermessungsflugzeug, als Such- und Rettungsflugzeug für die Marine, oder als Ambulanzflugzeug. Die SD3-M besitzt ein Heckladetor.
Hersteller: Short Brothers & Harland Ltd., Queen's Island, Belfast, Irland.

SHORTS SD3-30

Abmessungen: Spannweite 22,76 m, Länge 17,69 m, Höhe 4,95 m, Flügelfläche 42,1 m².

SIAI-MARCHETTI S.M.1019E

Ursprungsland: Italien.
Kategorie: Leichtes zweisitziges Beobachtungs- und Verbindungsflugzeug.
Triebwerke: Eine Propellerturbine Allison 250-B17 von 400 WPS Leistung.
Leistungen: Höchstgeschw. 287 km/h auf Meereshöhe; max. Reisegeschw. (75 % Leistung) 235 km/h auf Meereshöhe, bzw. 239 km/h auf 3000 m; max. Reichweite 1130 km auf Meereshöhe, bzw. 1340 km auf 3050 m; Anfangssteiggeschw. 6,7 m/Sek.; Dienstgipfelhöhe 6500 m.
Gewichte: Leer 690 kg; max. Startgewicht 1450 kg.
Bewaffnung: Zwei Flügelstationen zur Aufnahme von Raketen sowie MG- und Aufklärungsbehältern bis zu einem Gesamtgewicht von 230 kg.
Entwicklungsstand: Erster Prototyp am 24. Mai 1969, zweiter am 18. Februar 1971 (S.M.1019A) erstmals geflogen. Mitte 1975 begann die Ablieferung der ersten 40 Serienflugzeuge (S.M.1019E). Der Gesamtbedarf der italienischen Heeresfliegerei beläuft sich auf etwa 100 Einheiten.
Bemerkungen: Die S.M.1019 basiert auf der Cessna 0-1 Bird Dog, besitzt aber eine stark geänderte Zelle; ausserdem wurde der Boxermotor durch eine Propellerturbine ersetzt und das Seitenleitwerk vergrössert. Während der zweite Prototyp, die S.M.1019A (siehe Ausgabe 1975), mit einer Allison-Propellerturbine 250-B15G ausgerüstet war, erhielt die Serienversion S.M.1019E ein stärkeres Triebwerk. Die S.M.1019 war Siegerin eines Wettbewerbs der italienischen Heeresfliegerei. Pilot und Beobachter/Bordschütze sitzen hintereinander, Einbau eines Doppelsteuers möglich.
Hersteller: Siai-Marchetti SpA, Sesto Calende, Varese, Italien.

SIAI-MARCHETTI S.M.1019E

Abmessungen: Spannweite 10,97 m, Länge 8,52 m, Höhe 2,86 m, Flügelfläche 16,2 m².

SUCHOJ SU-17 (FITTER-C)

Ursprungsland: UdSSR.
Kategorie: Einsitziges taktisches Kampfflugzeug.
Triebwerke: Ein Strahltriebwerk Ljulka AL-21F-3 von 7800 kp Standschub ohne und 11 200 kp mit Nachbrenner.
Leistungen: Höchstgeschw. ohne Aussenlasten 1300 km/h oder Mach 1.06 auf Meereshöhe, 2300 km/h oder Mach 2,17 auf 12 000 m; Aktionsradius (Einsatzprofil tief-tief-tief) 600 km; Reichweite mit 1000 kg Waffenlasten und Zusatztanks 2280 km; Dienstgipfelhöhe 17 500 m.
Gewichte: Max. Startgewicht 17 700 kg.
Bewaffnung: Zwei 30-mm-Kanonen NR-30 zu je 70 Schuss und, für Kurzstreckeneinsatz, maximal 3500 kg Aussenlasten. Typische Aussenlasten sind UV-16-57- oder UV-32-57-Raketenwerfer zu 16 bzw. 32 55-mm-Raketen S-5, sowie 240-mm-Raketen S-24, oder 250-kg- und 500 kg-Bomben.
Entwicklungsstand: Die sowjetische Luftwaffe setzt die Su-17 seit 1972 ein. Sie wird zurzeit auch den Staaten des Warschau-Paktes geliefert; z. B. besitzt Polen etwa 35 Su-17 seit 1974.
Bemerkungen: Die Su-17 besitzt eine variable Flügelgeometrie und stammt von der Su-7 ab (siehe Ausgabe 1973). Ein entsprechendes Versuchsflugzeug, die Fitter-B, wurde im Juli 1967 in Domodjedowo erstmals westlichen Beobachtern vorgeführt. Zahlreiche Bauteile stammen von der Su-7. Die Su-17 eignet sich hauptsächlich als Erdkämpfer, zur Abriegelung von Kampfgebieten und beschränkt als Luftüberlegenheitsjäger. Die Su-17 wird unter der Bezeichnung Su-20 exportiert und ist u. a. auch Indien angeboten worden. Der breite Grat auf der Rumpfoberseite dürfte einen Teil der Avionik und übrigen Ausrüstung beinhalten, da das stärkere Triebwerk der Su-17 mehr Platz benötigt.
Hersteller: Pawel O. Suchoj, UdSSR.

SUCHOJ SU-17 (FITTER-C)

Abmessungen: Spannw. 9,90—13,70 m, Länge 9,90 m, Höhe 4,70 m, Flügelfläche 24,2 m².

SUCHOJ SU-19 (FENCER-A)

Ursprungsland: UdSSR.
Triebwerke: Zwei Strahltriebwerke von schätzungsweise je 6000 kp Standschub ohne und 9000 kp mit Nachbrenner.
Leistungen (geschätzt): Höchstgeschw. 1225—1350 km/h oder Mach 1,0—1,1 auf Meereshöhe, 2230—2445 km/h oder Mach 2,1—2,3 auf 11 000 m; Aktionsradius (Einsatzprofil tief-tief-tief) 400 km, bzw. 1200 km (Einsatzprofil hoch-tief-hoch); max. Flugdauer 3 bis 4 Std.
Gewichte (geschätzt): Leer 15 000 kg; maximales Startgewicht 30 800 kg.
Bewaffnung: Eine sechsläufige 23-mm-Revolverkanone, unter dem Rumpf eingebaut, und bis zu 4500—5000 kg Waffenlasten an sechs externen Aufhängepunkten (zwei unter dem Rumpf und vier unter dem Flügelmittelstück). Typische Bewaffnung: zwei 500-kg-Bomben, zwei Luft-Boden-Lenkwaffen und zwei Raketenwerfer zu je 16 oder 32 ungelenkten 57-mm-Raketen.
Entwicklungsstand: Der Erstflug der Su-19 fand vermutlich 1970 statt und die Einführung bei der sowjetischen Luftwaffe erfolgte 1974. Gemäss westlichen Schätzungen sollen einige hundert Su-19 im Einsatz stehen.
Bemerkungen: Die Su-19 ist das erste sowjetische Kampfflugzeug, welches von Grund auf für den Erdkampf entworfen wurde und zum Truppeneinsatz kam. Die Flügel lassen sich, gemessen an der Flügelvorderkante, im Bereich zwischen 23° und 70° schwenken; sie sind ausserdem an Vorder- und Hinterkante mit Hochauftriebshilfen ausgerüstet. Rollbewegungen lassen sich mithilfe der gegenläufig ausschlagenden Höhenflossen und der Spoiler, die auch als Bremsen dienen, ausführen. Alle hier publizierten Illustrationen sind als provisorisch zu betrachten.
Hersteller: Pawel O. Suchoj, UdSSR.

SUCHOJ SU-19 (FENCER-A)

Abmessungen: Spannw. 9,45—17,00 m, Länge 21,35 m, Höhe 6,40 m, Flügelfläche 34,0 m².

TUPOLEW (BACKFIRE-B)

Ursprungsland: UdSSR.
Kategorie: Strategischer Bomber.
Triebwerke: Zwei Mantelstromtriebwerke Kusnjetsow von je ca. 15 000 kp Standschub ohne und 21 000 kp mit Nachbrenner.
Leistungen (geschätzt): Höchstgeschw. 1100 km/h oder Mach 0,9 auf Meereshöhe, 2125 km/h oder Mach 2,0 auf 12 000 m; optimale Reisegeschw. auf grösserer Höhe 900 km/h oder Mach 0,85; Aktionsradius (Einsatzprofil tief-tief-tief) 2000 km, (Einsatzprofil hoch-tief-hoch) 4000 km, oder (Einsatzprofil hoch-hoch-hoch) 6000 km; Dienstgipfelhöhe 18 000 m.
Gewichte (geschätzt): Leer 55 000 kg; maximales Startgewicht 125 000 kg.
Bewaffnung (geschätzt): Max. Waffenlast im internen Bombenschacht bis zu 7250 kg, oder zwei extern montierte AS-6 Luft-Boden-Lenkwaffen (4500 kg) mit einer Reichweite von 740 km und einer Inertialsteuerung.
Entwicklungsstand: Erstmals 1969 als Prototyp gesichtet, seit 1974 im Einsatz der sowjetischen Marine und des strategischen Kommandos der Luftwaffe. Etwa 50 dieser Flugzeuge sind bis heute gebaut worden.
Bemerkungen: Die Backfire-B, welche hier abgebildet ist, wird allgemein als das Serienmodell der Backfire betrachtet, während die Vorserienflugzeuge als Backfire-A bezeichnet werden. Obschon die Existenz der Backfire schon seit einigen Jahren erwiesen ist, war es bisher nicht möglich, irgendwelche Illustrationen dieses Flugzeugs zu erhalten.
Hersteller: Andrei N. Tupolew, UdSSR.

TUPOLEW (BACKFIRE-B)

Abmessungen: Spannweite 28,00—35,00 m, Länge 42,00 m.

TUPOLEW TU-22 (BLINDER)

Ursprungsland: UdSSR.
Kategorie: Mittelschwerer Bomber und Aufklärer.
Triebwerke: Zwei Strahltriebwerke von je ca. 6800 kp Standschub ohne und 12 250 kp mit Nachbrenner.
Leistungen (geschätzt): Höchstgeschw. ohne Aussenlasten 1385 km/h oder Mach 1,3 auf 11 000 m, oder 1100 km/h bzw. Mach 0,9 auf Meereshöhe; Aktionsradius (hoch-tief-hoch) 2200 km mit 850 km/h oder Mach 0,8.
Gewichte (geschätzt): max. Startgewicht 84 000 kg.
Bewaffnung: Freifallwaffen in internem Waffenschacht, oder (Blinder-B) halbversenkt mitgeführte Luft-Boden-Lenkwaffe AS-4 Kitchen. Eine ferngesteuerte 23-mm-Heckkanone als Defensivbewaffnung.
Entwicklungsstand: Vermutlich seit 1965 im Truppeneinsatz. Die ursprünglichen Bestellungen wurden wahrscheinlich gekürzt, doch dürfte die Blinder in beschränkten Stückzahlen noch weiter hergestellt werden.
Bemerkungen: Von der Tu-22 sind folgende Versionen bekannt: Blinder-A (Bomber und Kampfflugzeug), Blinder-B (wie Blinder-A, kann jedoch die AS-4-Lenkwaffe mitführen), Blinder-C (Aufklärer für die Marine), Blinder-C (operationeller Trainer, zweisitzig), und ein schwerer Langstrecken-Abfangjäger.
Hersteller: Andrei N. Tupolew, UdSSR.

TUPOLEW TU-22 (BLINDER)

Abmessungen: Spannweite 27,74 m, Länge 40,50 m, Höhe 5,18 m, Flügelfläche 188,6 m².

TUPOLEW TU-126 (MOSS)

Ursprungsland: UdSSR.
Kategorie: Frühwarnflugzeug und fliegende Kommandozentrale.
Triebwerke: Vier Propellerturbinen Kusnjetsow NK-12MV von je 14 800 WPS Leistung.
Leistungen (geschätzt): Höchstgeschw. 820 km/h; maximale Dauerfluggeschw. 740 km/h auf 7600 m; Arbeitsgeschw. 660 km/h auf 6500 m; Einsatzdauer (ohne Flugbetankung) 9 Std. bei einem Aktionsradius von 1000 km, 6 Std. bei einem Aktionsradius von 2000 km; Dienstgipfelhöhe 11 000 m.
Gewichte (geschätzt): Max. Startgewicht 163 300 kg.
Zuladung: Vermutlich 10—12 Personen.
Entwicklungsstand: Es wird angenommen, dass die Prototypen der Tu-126 1962—63 erstmals flogen. Die Serienflugzeuge befinden sich seit Ende des letzten Jahrzehnts im Einsatz bei der Sowjetluftwaffe. Etwa 20—30 Ex. gebaut.
Bemerkungen: Die Tu-126 wurde aus der zivilen Tu-114 (Cleat) abgeleitet, und anscheinend sind Flügel, Leitwerk, Triebwerke und Fahrgestell unverändert übernommen worden. Hauptmerkmal der Tu-126 ist die tellerförmige Verkleidung des Frühwarnradars über dem Rumpf. Der Zweck dieses Spezialflugzeugs ist es, einfliegende feindliche Flugzeuge aufzuspüren und die eigenen Jäger zu koordinieren. Allerdings ist die Einsatzfähigkeit über Landflächen beschränkt.
Hersteller: Andrei N. Tupolew, UdSSR.

TUPOLEW TU-126 (MOSS)

Abmessungen: Spannweite 51,20 m, Länge 57,30 m, Höhe 15,50 m, Flügelfläche 311,1 m².

TUPOLEW TU-134A (CRUSTY)

Ursprungsland: UdSSR.
Kategorie: Kurz- und Mittelstrecken-Verkehrsflugzeug.
Triebwerke: Zwei Mantelstromtriebwerke Solowiew D-30-2 von je 6800 kp Standschub.
Leistungen: Max. Reisegeschw. 850 km/h auf 10 000 m; Langstrecken- Reisegeschw. 750 km/h auf 10 000 m; Reichweite mit 8215 kg Nutzlast bei 750 km/h und 60 Min. Reserven 2000 km, mit 4000 kg Nutzlast 3500 km.
Gewichte: Rüstgewicht 29 000 kg; max. Startgew. 47 000 kg.
Zuladung: Drei Mann Besatzung und bis zu 80 Passagiere.
Entwicklungsstand: Erstflug des einzigen Prototyps der Tu-134A im Jahre 1968, erste Lieferungen (an Aeroflot) Mitte 1970. Fünf Vorserienflugzeuge. Die Tu-134 folgte der Tu-104 auf der Montagestrasse des Werkes Charkow. Anfang 1976 war die Serienfertigung noch in vollem Gange.
Bemerkungen: Die Tu-134 unterscheidet sich vom Grundmuster Tu-134 hauptsächlich durch einen um 2,10 m verlängerten Rumpf und durch Schubumkehrvorrichtungen. Das maximale Startgewicht konnte um 2500 kg, die Nutzlast um 465 kg erhöht werden. Ferner besitzt die Tu-134A ein APU (Hilfsaggregat) und eine auf den neusten Stand der Technik gebrachte Avionik. Ende 1970 fanden versuchsweise Linienflüge statt, und die Tu-134A befliegt seit Anfang 1971 kursmässig die internationalen Fluglinien der Aeroflot. Das Grundmuster der Tu-134, welches 1962 erstmals flog, steht ausser bei der Aeroflot auch bei der CSA, der Interflug, der LOT, der Malev, der Bulair, der Egyptair, der Balkan-Bulgarian und der Aviogenex im Einsatz. Die Aeroflot setzt schätzungsweise 150 Flugzeuge dieses Typs ein. Die Tu-134 wie die Tu-134A können mit verglaster wie mit fester Rumpfnase ausgerüstet sein.
Hersteller: Andrei N. Tupolew, Werk Charkow, UdSSR.

TUPOLEW TU-134A (CRUSTY)

Abmessungen: Spannweite 29,00 m, Länge 36,40 m, Höhe 9,02 m, Flügelfläche 127,3 m^2.

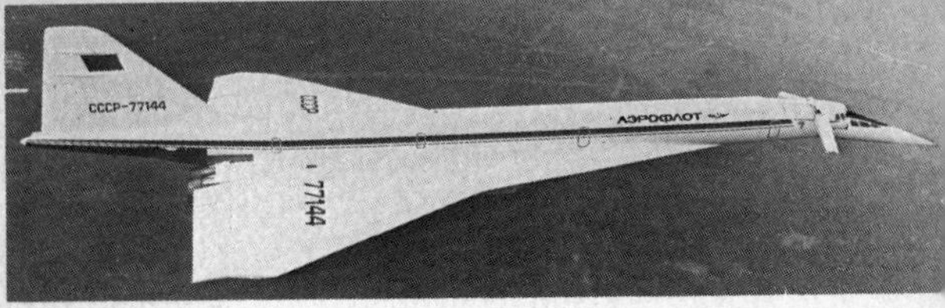

TUPOLEW TU-144 (CHARGER)

Ursprungsland: UdSSR.
Kategorie: Langstrecken- Überschall- Verkehrsflugzeug.
Triebwerke: Vier Mantelstromtriebwerke Kusnjetsow NK-144 von 15 000 kp Standschub ohne und 20 000 kp mit Nachbrenner.
Leistungen: Max. Reisegeschw. 2500 km/h oder Mach 2,3 auf Höhen bis zu 18 000 m; subsonische Reisegeschw. 988 km/h oder Mach 0,93 auf 11 500 m; Reichweite mit maximaler Nutzlast 6440 km; Reiseflughöhe 16 500—18 000 m.
Gewichte: Typisches Fluggewicht 85 000 kg; max. Startgewicht 180 000 kg.
Zuladung: Drei Mann Besatzung und 11 Erstklass- sowie 99 Touristklass-Passagiere, oder maximal 140 Fluggäste.
Entwicklungsstand: Erstes Vorserienflugzeug, welches dem Serienmodell entspricht, flog erstmals im September 1971. Sechs Serienmaschinen waren Mitte 1975 fertiggestellt und weitere 12 im Bau. Die Aeroflot hat angeblich einen Bedarf für 30 Flugzeuge dieses Typs. Der flugplanmässige Luftverkehr wurde am 26. Dezember 1975, allerdings nur mit Fracht, zwischen Moskau und Alma-Ata eingeführt. Die ersten Passagier-Linienflüge sind für 1976 vorgesehen.
Bemerkungen: Das Serienmodell der Tu-144, das hier beschrieben und abgebildet ist, erinnert nur noch entfernt an den Prototyp, welcher am 31. Dezember 1968 als erstes Überschall-Verkehrsflugzeug der Welt seinen Erstflug ausgeführt hatte. Als wichtigste Änderungen gelten der um 6,30 m längere Rumpf, der neue Doppeldelta-Flügel mit grösserer Spannweite, die nun getrennten Zwillings-Triebwerkgondeln (die das Hauptfahrwerk aufnehmen), die wesentlich stärkeren Triebwerke, und die einziehbaren Entenflügel hinter dem Cockpit.
Hersteller: Andrei N. Tupolew, Werk Woronesch, UdSSR.

TUPOLEW TU-144 (CHARGER)

Abmessungen: Spannweite 28,80 m, Länge 65,70 m, Höhe 12,85 m, Flügelfläche 438 m^2.

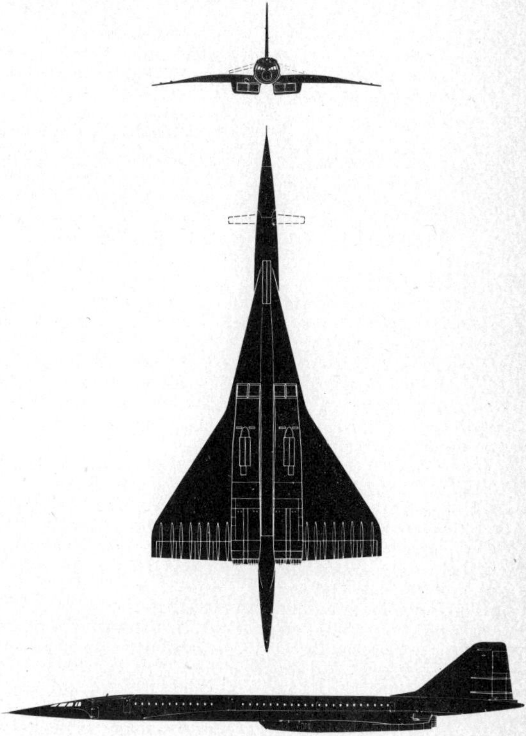

TUPOLEW TU-154A (CARELESS)

Ursprungsland: UdSSR.
Kategorie: Mittel- und Langstrecken-Verkehrsflugzeug.
Triebwerke: Drei Mantelstromtriebwerke Kusnjetsow NK-8-2U von je 10 000 kp Standschub.
Leistungen: Max. Reisegeschw. 950 km/h auf 9500 m; ökonom. Reisegeschw. 900 km/h; Reichweite mit normalen Reserven und 18 000 kg Nutzlast 3000 km, mit 16 000 kg Nutzlast 3300 km, und mit 12 500 kg Nutzlast 4000 km.
Gewichte: Max. Startgewicht 94 000 kg.
Zuladung: Drei bis vier Mann Besatzung und, je nach Innenausstattung, 152 oder 168 Passagiere.
Entwicklungsstand: Weiterentwicklung der Tu-154, welche am 4. Oktober 1968 erstmals flog, mit Erstflugdatum Ende 1973. Indienststellung bei der Aeroflot im April 1974. Die Serienproduktion wurde inzwischen von der Tu-154 auf die Tu-154A umgestellt.
Bemerkungen: Der Hauptunterschied zwischen der Tu-154 und der neuen Tu-154A liegt in den Triebwerken. Durch die stärkeren Triebwerke der Tu-154A liess sich das maximale Startgewicht um 4000 kg erhöhen. Sie ist mit einem zusätzlichen Treibstofftank im Flügelmittelstück ausgerüstet. Beide Versionen können von Flugplätzen der Kategorie B aus eingesetzt werden, die nur mit Kies- oder Erdpisten ausgestattet sind. Über das Schicksal der «gestreckten» Variante Tu-154M ist nichts Genaueres bekannt. Neuste Version: Tu-154B.
Hersteller: Andrei N. Tupolew, UdSSR.

TUPOLEW TU-154A (CARELESS)

Abmessungen: Spannweite 37,55 m, Länge 47,90 m, Höhe 11,40 m, Flügelfläche 201,5 m².

VALMET LEKO-70

Ursprungsland: Finnland.
Kategorie: Zweisitziger Grundschultrainer.
Triebwerke: Ein Vierzylinder-Boxermotor Avco Lycoming IO-360-A1B6 von 200 PS Startleistung.
Leistungen: Höchstgeschw. 240 km/h auf Meereshöhe; max. Anfangssteiggeschw. 6,0 m/Sek.; keine weiteren Angaben zur Veröffentlichung freigegeben.
Gewichte: Leer (Prototyp) 720 kg, bzw. 690 kg (Serienversion); max. Startgewicht 1150 kg.
Zuladung: Zwei Personen nebeneinander. Maximal drei Personen.
Entwicklungsstand: Erstflug des Prototyps am 1. Juli 1975. Beginn der Serienproduktion 1976, falls die erwarteten Bestellungen seitens der finnischen Flugwaffe über 30 Einheiten eintreffen.
Bemerkungen: Die Leko-70 wurde als militärischer Grundschultrainer für die finnischen Luftstreitkräfte entworfen und gebaut, und soll die Saab 91D Safir ersetzen. Sie ist gleichzeitig das erste finnische Militärflugzeug seit 1957. Es ist vorgesehen, auch eine Zivilversion (Schul- und Reiseflugzeug) zu bauen, welche, je nach Gepäck der Insassen, zwei bis drei Personen befördern könnte. Mit zwei Personen ist die Leko-70 voll kunstflugtauglich. Der Entwurf stammt aus der Entwurfs- und Forschungsabteilung der staatlichen Flugzeugwerke Valmet Oy in Tampere, die auch die zwölf Saab 35XS Draken für Finnland montierten. Zwei Prototypen wurden am 23. März 1973 durch die finnische Flugwaffe in Auftrag gegeben, wovon eine als Bruchzelle verwendet wird. Die hier publizierten Daten stammen aus der Flugerprobung oder sind errechnet und müssen noch erflogen werden.
Hersteller: Valmet Oy Tampere Works, Finnland.

VALMET LEKO-70

Abmessungen: Spannweite 9,30 m, Länge 7,30 m, Flügelfläche 14,0 m^2.

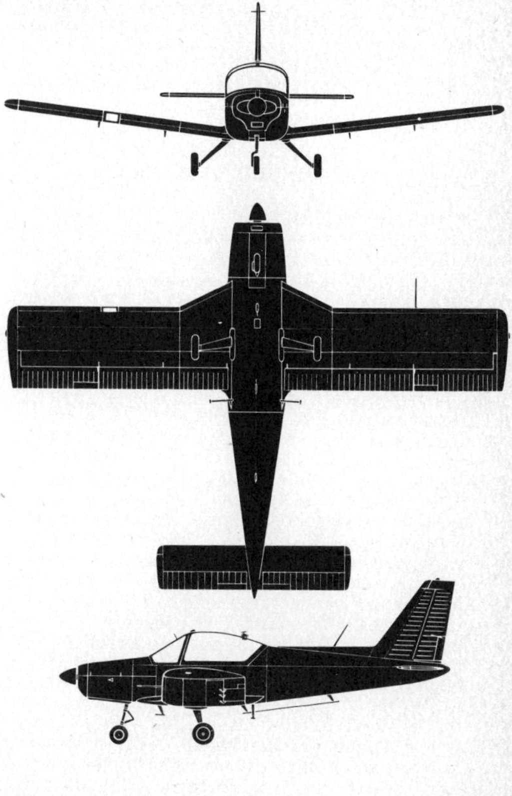

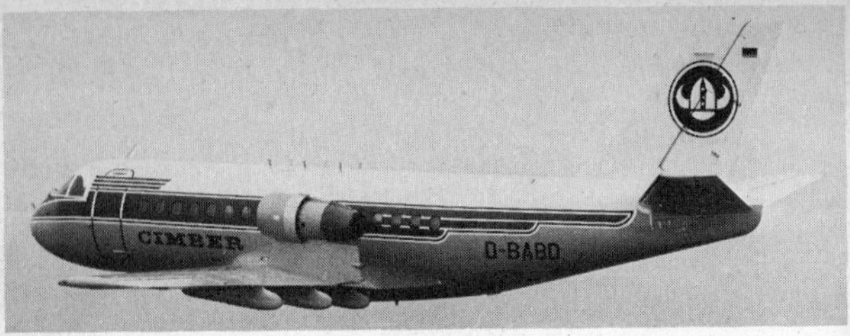

VFW-FOKKER VFW 614

Ursprungsland: Westdeutschland.
Kategorie: Kurzstrecken-Verkehrsflugzeug.
Triebwerke: Zwei Mantelstromtriebwerke Rolls-Royce/SNECMA M45H Mk.501 von je 3300 kp Standschub.
Leistungen: Höchstgeschw. 735 km/h auf 6400 m; max. Reisegeschw. 722 km/h auf 7600 m; Langstrecken-Reisegeschw. 591 km/h auf 7600 m; max. Reichweite inkl. Reserven 2010 km; Reichweite mit 40 Passagieren inkl. Reserven 1205 km; max. Steiggeschw. 15,8 m/Sek.; Dienstgipfelhöhe 7600 m.
Gewichte: Rüstgewicht 12 180 kg; max. Startgewicht 19 950 kg.
Zuladung: Zwei Mann Besatzung und 40 Passagiere. Maximal 44 Fluggäste.
Entwicklungsstand: Erster von drei Prototypen nahm das Testflugprogramm am 14. Juni 1971 auf, gefolgt vom zweiten am 19. August 1972 und vom dritten am 10. Oktober 1972. Erstflug des ersten Serienflugzeugs am 28. April 1975; es wurde im August 1975 an Cimber Air abgeliefert. Zu Beginn 1976 waren 13 feste Bestellungen (drei für Air Alsace, zwei für Cimber Air und acht für Touraine Air Transport) eingegangen. Die erste Serie umfasst 30 Flugzeuge.
Bemerkungen: Die VFW 614 ist ein Gemeinschaftsprodukt unter der Leitung von VFW-Fokker; Hauptauftragnehmer sind das niederländische Fokker-Werk sowie SABCA und Fairey in Belgien. Ende 1975 waren Verhandlungen mit der rumänischen Regierung im Gange, die die Serienherstellung der VFW 614 in Rumänien zum Ziel hatten. Dadurch liessen sich möglicherweise auch Ostblockländer als Kunden gewinnen.
Hersteller: VFW-Fokker GmbH, Bremen, Bundesrepublik Deutschland.

Abmessungen: Spannweite 21,50 m, Länge 20,60 m, Höhe 7,84 m, Flügelfläche 64,0 m².

WSK-MIELEC M-15

Ursprungsland: Polen.
Kategorie: Landwirtschaftsflugzeug.
Triebwerke: Ein Mantelstromtriebwerk Iwtschenko AI-25 von 1500 kp Standschub.
Leistungen: Max. Reisegeschw. 200 km/h; normale Arbeitsgeschw. 145—160 km/h; max. Reichweite 600 km auf 3000 m; Anfangssteiggeschw. 4,5 m/Sek.
Gewichte: Leer 2900 kg; max. Startgewicht 5650 kg.
Zuladung: Ein Pilot. Zwei Tanks für insgesamt 2900 l flüssige oder 2200 kg feste Chemikalien. Eine geplante Mehrzweckversion könnte zusätzlich vier Passagiere befördern.
Entwicklungsstand: Erster, aerodynamischer Prototyp (LLP-M15) führte am 20. Mai 1973 seinen Erstflug aus, gefolgt vom zweiten am 9. Januar 1974. Vorserie von fünf Flugzeugen am 26. April 1975 zur Erprobung in die Sowjetunion geschickt. Die Sowjetunion hat angeblich einen Bedarf von rund 3000 Flugzeugen dieser Kategorie. Die M-15 soll die An-2 als Landwirtschaftsflugzeug ersetzen.
Bemerkungen: Die M-15 ist der Welt erster strahlgetriebener Doppeldecker. Sie wurde von einem polnisch-sowjetischen Konstruktionsteam unter der Leitung von R. A. Ismailow (UdSSR) und K. Gocyla (Polen) entworfen.
Hersteller: WSK-Mielec (Wytwornia Sprzetukomunikacyjnego Mielec), Mielec, Polen.

WSK-MIELEC M-15

Abmessungen: Spannweite 21,96 m, Länge 12,72 m, Höhe 5,34 m, Flügelfläche 67,2 m^2.

AEROSPATIALE SA 315B LAMA

Ursprungsland: Frankreich.
Kategorie: Leichter Mehrzweckhubschrauber.
Triebwerke: Eine Gasturbine Turboméca Artouste IIIB von 550 WPS Leistung.
Leistungen: Höchstgeschw. 210 km/h auf Meereshöhe; max. Reisegeschw. 192 km/h, mit Tragnetz beladen 120 km/h; max. Schrägsteiggeschw. 6,7 m/Sek.; Schwebehöhe mit Bodeneffekt 2600 m, ohne Bodeneffekt 400 m; Reichweite (bei 1750 kg Fluggewicht) 510 km auf Meereshöhe, oder 600 km auf 3000 m.
Gewichte: Leer 995 kg; max. Startgewicht 2200 kg.
Abmessungen: Rotordurchmesser 11,02 m, Rumpflänge 10,26 m.
Zuladung: Ein Pilot und vier Passagiere oder 1000 kg Aussenlasten in einem Tragnetz.
Bemerkungen: Flog erstmals am 17. März 1969. Die Lama vereinigt in sich die Zelle der SA 318C Alouette II (siehe Ausgabe 1973) und das Triebwerk samt Kraftübertragung und Rotor der SA 319A Alouette III (siehe Ausgabe 1974). Sie wurde in erster Linie für die indischen Streitkräfte entwickelt, welche etwa 100 Einheiten von Hindustan Aeronautics unter dem Namen Cheetah (siehe Abbildung) in Lizenz bauen lassen; weitere 40 Lamas werden in Indien aus französischen Bauteilen zusammengesetzt. Am 21. Juni 1972 stellte die Lama mit 12 442 m Gipfelhöhe einen neuen, absoluten Höhenweltrekord für Helikopter auf.
Hersteller: Société Nationale Industrielle Aérospatiale, Werk Marignane, Frankreich.

AEROSPATIALE SA 330 PUMA

Ursprungsland: Frankreich.
Kategorie: Mittelschwerer Transporthubschrauber.
Triebwerke: Zwei Gasturbinen Turboméca Turmo IIIC4 von je 1320 WPS Leistung.
Leistungen: Höchstgeschw. 280 km/h auf Meereshöhe; max. Reisegeschw. 265 km/h; maximale Schrägsteiggeschw. 7,1 m/Sek.; Schwebehöhe mit Bodeneffekt 2800 m, ohne Bodeneffekt 1900 m; max. Reichweite 630 km.
Gewichte: Leer 3430 kg; max. Startgewicht 6400 kg.
Abmessungen: Rotordurchmesser 15,00 m, Rumpflänge 14,06 m.
Zuladung: Zwei Piloten und 16—20 Soldaten, oder 2500 kg Fracht. Als ziviler Verkehrshubschrauber 15—17 Passagiere.
Bemerkungen: Die SA 330 wird unter einem Gemeinschaftsvertrag von Aérospatiale (Frankreich) und Westland (Grossbritannien) für Frankreich (130 Einheiten) und Grossbritannien (40 Einheiten) in Serie gebaut. Erstflug des französischen Prototyps am 15. April 1965, des britischen am 25. November 1970. Die Puma wurde den Luftwaffen von Portugal, Südafrika, Algerien, Zaïre, Abu Dhabi und der Elfenbeinküste geliefert. Die Zivilversion mit zwei Turmo IVA ist als SA 330F, mit zwei Turmo IVC als SA 330G bekannt und weist eine Reichweite von 300 km (vollbeladen) auf. Zu Beginn 1975 waren über 400 Pumas bestellt gewesen; Produktionsrate 6 Helikopter pro Monat.
Hersteller: Société Nationale Industrielle Aérospatiale, Werk Marignane, Frankreich, und Westland Helicopters Ltd., Yeovil Division, Yeovil, Somerset, Grossbritannien.

AEROSPATIALE SA 341 GAZELLE

Ursprungsland: Frankreich.
Kategorie: Leichter Mehrzweckhubschrauber.
Triebwerke: Eine Gasturbine Turboméca Astazou IIIN von 592 WPS Leistung.
Leistungen: Höchstgeschw. 265 km/h auf Meereshöhe; max. Reisegeschw. 240 km/h auf Meereshöhe; max. Schrägsteiggeschw. 6,2 m/Sek.; Schwebehöhe mit Bodeneffekt 3100 m, ohne Bodeneffekt 2600 m; max. Reichweite 650 km.
Gewichte: Leer 850 kg; max. Startgewicht 1700 kg.
Abmessungen: Rotordurchmesser 10,50 m, Rumpflänge 9,52 m.
Zuladung: Ein Pilot und vier Passagiere, oder 600 kg Aussenlasten in einem Tragnetz.
Bemerkungen: Als Nachfolger der Alouette II wird die Gazelle unter einem Gemeinschaftsabkommen sowohl von Aérospatiale (Frankreich) als auch von Westland (Grossbritannien) in Serie gebaut. Sie wurde für die britische und französische Heeresfliegerei (SA 341B und SA 341F), die britische Marine (SA 341C) und die britische Luftwaffe (SA 341D/E) in Auftrag gegeben. Frankreich und Grossbritannien sollen in den nächsten Jahren 170 bzw. 250 Gazellen erhalten. Lizenzbau in Jugoslawien. Weitere Versionen sind die SA 341G (Zivilausführung), die SA 341H (Export), und die Sa 342 (für Kuwait). Die SA 342 unterscheidet sich durch das stärkere Triebwerk Astazou XIV H (870 WPS) von der SA 340/341.
Hersteller: Société Nationale Industrielle Aérospatiale, Werk Marignane, Frankreich, und Westland Helicopters Ltd., Yeovil Division, Yeovil, Somerset, Grossbritannien.

AEROSPATIALE SA 350 ECUREUIL

Ursprungsland: Frankreich.
Kategorie: Experimenteller Mehrzweckhubschrauber.
Triebwerke: Eine Gasturbine Avco Lycoming LTS 101-650C von 600 WPS Leistung.
Leistungen: Höchstgeschw. 256 km/h auf Meereshöhe; max. Reisegeschw. 230 km/h auf Meereshöhe; Reichweite mit fünf Passagieren 775 km; max. Steiggeschw. 9,0 m/Sek.; Schwebehöhe mit Bodeneffekt 2750 m, ohne Bodeneffekt 2000 m.
Gewichte: Leer 950 kg; max. Startgewicht 1900 kg.
Abmessungen: Rotordurchmesser 10,69 m, Rumpflänge 10,91 m.
Zuladung: Fünf bis sechs Personen.
Bemerkungen: Die Ecureuil (Eichhörnchen) flog erstmals am 27. Juni 1974, doch waren bis im März 1976 nur wenige Details über diesen neuen Hubschrauber bekannt. Obschon es sich um einen Experimentalhubschrauber handelt (erprobt werden sollen weniger neue aerodynamische Konzepte als vielmehr Vereinfachungen im Aufbau; es werden u. a. Bauteile von Autos verwendet, und der von Aérospatiale entwickelte Starflex-Rotor kommt hier zur Anwendung), ist sein Verkaufs- und Entwicklungspotential als überdurchschnittlich einzuschätzen. Gegenüber der Lama, die heute FF 1,4 Mio. kostet, kommt die Ecureuil auf FF 1,0 Mio. zu stehen. Die auffallende Ähnlichkeit mit der SA 360/365 Dauphin ist rein zufällig, ist doch die Ecureuil aus nur halb so vielen Bestandteilen aufgebaut.
Hersteller: Société Nationale Industrielle Aérospatiale, Werk Marignane, Frankreich.

AEROSPATIALE SA 360 DAUPHIN

Ursprungsland: Frankreich.
Kategorie: Mehrzweck- und Transporthubschrauber.
Triebwerke: Eine Gasturbine Turboméca Astazou XVIIIA von 878 WPS Leistung.
Leistungen: Max. Reisegeschw. 275 km/h; ökonom. Reisegeschw. 230 km/h; Schrägsteiggeschw. (bei 2500 kg Fluggewicht) 7,5 m/Sek.; Schwebehöhe mit Bodeneffekt 4750 m, ohne Bodeneffekt 4300 m; Reichweite mit 1000 kg Nutzlast 100 km, mit 600 kg Nutzlast 750 km.
Gewichte: Leer 1350 kg; max. Startgewicht 2700 kg.
Abmessungen: Rotordurchmesser 11,50 m, Rumpflänge 11,08 m.
Zuladung: Ein bis zwei Mann Besatzung und acht bis neun Passagiere, oder entsprechendes Frachtvolumen. Als Sanitätshubschrauber vier Tragbahren und einen Pfleger.
Bemerkungen: Die SA 360 wurde auf privater Basis als Nachfolger der Alouette III entworfen und besitzt einen halbstarren Vierblattrotor und einen ummantelten Elfblatt-Heckrotor. Die beiden Prototypen flogen erstmals am 2. Juni 1972 und am 29. Januar 1973, während das erste Serienflugzeug ihren Jungfernflug im April 1975 ausführte und im Frühjahr 1976 zur Ablieferung gelangte. Eine zweimotorige Version, die SA 365, ist auf Seite 227 beschrieben. Für die SA 360 waren bis im April 1975 insgesamt 26 Bestellungen eingegangen, worunter auch einige aus den USA (z. B. für Rocky Mountain Helicopters, Provo, Utah).
Hersteller: Société Nationale Industrielle Aérospatiale, Werk Marignane, Frankreich.

AEROSPATIALE SA 365 DAUPHIN

Ursprungsland: Frankreich.
Kategorie: Mehrzweck- und Transporthubschrauber.
Triebwerke: Zwei Gasturbinen Turboméca Arriel von je 650 WPS Leistung.
Leistungen (2500 kg Fluggewicht): Max. Reisegeschw. 260 km/h; ökonom. Reisegeschw. 235 km/h; max. Schrägsteiggeschw. 9,2 m/Sek.; Schwebehöhe mit Bodeneffekt 4575 m, ohne Bodeneffekt 4575 m; max. Reichweite bei ökonom. Reisegeschw. 605 km.
Gewichte: Max. Startgewicht 3200 kg.
Abmessungen: Rotordurchmesser 11,50 m, Rumpflänge 11,07 m.
Zuladung: Ein bis zwei Mann Besatzung und acht bis neun Passagiere, oder entsprechendes Frachtvolumen. VIP-Versionen für vier oder fünf Passagiere.
Bemerkungen: Die SA 365 ist eine Weiterentwicklung der Grundversion Dauphin (siehe Seite 226) mit zwei Triebwerken und flog erstmals am 24. Januar 1975, gefolgt von der SA 366 (zwei Gasturbinen Avco Lycoming LTS 101 von je 600 WPS) am 28. Januar 1975. Während die SA 366 wahrscheinlich nicht weiter entwickelt wird, sollen die ersten Serienflugzeuge SA 365 etwa Mitte 1977 abgeliefert werden; erster Kunde ist die Gesellschaft Air Taxi (Anchorage, Alaska). Als Militärhubschrauber kann die SA 365 mit Mg's und HOT-Antitankraketen ausgerüstet werden.
Hersteller: Société Nationale Industrielle Aérospatiale, Werk Marignane, Frankreich.

AGUSTA A 109C HIRUNDO

Ursprungsland: Italien.
Kategorie: Mehrzweckhubschrauber.
Triebwerke: Zwei Gasturbinen Allison 250-C20 von je 400 WPS Leistung.
Leistungen (2200 kg Fluggewicht): Höchstgeschw. 272 km/h auf Meereshöhe; ökonom. Reisegeschw. 223 km/h auf Meereshöhe; max. Schrägsteiggeschw. 10,5 m/Sek.; Schwebehöhe mit Bodeneffekt 3600 m, ohne Bodeneffekt 2800 m; max. Reichweite 735 km auf 2000 m.
Gewichte: Leer 1200 kg; max. Startgewicht 2400 kg.
Abmessungen: Rotordurchm. 11,00 m, Rumpflänge 11,14 m.
Zuladung: Ein Pilot und sieben Passagiere, oder, als Sanitätsflugzeug, zwei Patienten und zwei Pfleger, oder entsprechendes Frachtvolumen als Transporter.
Bemerkungen: Der erste von vier Prototypen flog erstmals am 4. August 1971. Er ging kurz darauf infolge Resonanzerscheinungen im Flug zu Bruch, die Flugversuche wurden aber ab Frühjahr 1973 mit dem zweiten und dritten Prototyp weitergeführt. Nach erfolgter Musterzulassung in der ersten Hälfte 1974 wurden Ende 1975 die ersten Serienmaschinen geliefert. Eine erste Serie von zehn Hirundos befindet sich gegenwärtig in Fabrikation. Die Hirundo (Schwalbe) soll eine Lücke zwischen JetRanger und Agusta-Bell 212 schliessen. Gegenwärtig erprobt die italienische Armee fünf Hirundos, welche mit je vier TOW-Panzerabwehrraketen ausgerüstet sind.
Hersteller: Costruzioni Aeronautiche Giovanni Agusta SpA, Cascina Costa, Gallarate, Italien.

BELL 205A (IROQUOIS)

Ursprungsland: USA.
Kategorie: Mehrzweckhubschrauber.
Triebwerke: Eine Gasturbine Lycoming T5313A von 1400 WPS Leistung.
Leistungen (4310 kg Fluggewicht): Höchstgeschw. 204 km/h auf Meereshöhe; max. Reisegeschw. 179 km/h auf 2440 m; max. Schrägsteiggeschw. 8,5 m/Sek.; Schwebehöhe mit Bodeneffekt 3170 m, ohne Bodeneffekt 1830 m; Reichweite auf 2440 m 553 km.
Gewichte: Leer 2305 kg; max. Startgewicht 4310 kg.
Abmessungen: Rotordurchmesser 14,63 m, Rumpflänge 12,65 m.
Zuladung: Zwei Piloten und 13 Passagiere oder 12 Soldaten.
Bemerkungen: Die Bell 205A ist praktisch mit der Bell 204B (siehe Ausgabe 1973) identisch und unterscheidet sich nur durch einen längeren Rumpf mit grösserer Kabine. Sie wird in Italien durch Agusta als AB 205 in Lizenz gebaut, und in Formosa (Taiwan) besteht eine Montagestrasse zum Zusammenbau der 205A. Die Grundvariante UH-1D (Lycoming T52-L-11 von 1100 WPS Leistung) steht bei der US Army in grosser Stückzahl im Einsatz; sie wurde auch in Deutschland unter Lizenz hergestellt. Die UH-1D ist auf der Montagestrasse von der UH-1H (Lycoming T53-L-13 von 1300 WPS Leistung) abgelöst worden. Eine verbesserte Version, die Bell 214, ist auf Seite 234 beschrieben.
Hersteller: Bell Aerospace Co Division of Textron Inc., Bell Helicopter Co., Fort Worth, Texas, USA.

BELL 206B JETRANGER II

Ursprungsland: USA.
Kategorie: Leichter Mehrzweckhubschrauber.
Triebwerke: Eine Gasturbine Allison 250-C20 von 400 WPS Leistung.
Leistungen (1360 kg Fluggewicht): Max. Reisegeschw. 219 km/h auf Meereshöhe, 228 km/h auf 1520 m; Schwebehöhe mit Bodeneffekt 4020 m, ohne Bodeneffekt 2650 m; max. Schrägsteiggeschw. 7,8 m/Sek.; max. Reichweite 702 km auf 3050 m.
Gewichte: Leer 660 kg; max. Startgewicht 1360 kg.
Abmessungen: Rotordurchmesser 10,16 m, Rumpflänge 9,50 m.
Zuladung: Ein Pilot und vier Passagiere oder entsprechende Menge Fracht.
Bemerkungen: Die JetRanger wird sowohl als Militär- als auch als Zivilhelikopter gebaut, und die neuste Version, die Bell 206B JetRanger II, unterscheidet sich von den früheren Modellen durch ein stärkeres Triebwerk. Unter der Bezeichnung OH-58A Kiowa verwendet die US Army die JetRanger als leichten Beobachtungshubschrauber, während die US Navy eine Anzahl als Trainingshelikopter (TH-57A SeaRanger) gekauft hat. Australien und Italien bauen die Bell 206B in Lizenz. Die erste Lieferung einer JetRanger erfolgte am 1. März 1968; seither sind über 4000 JetRangers aller Versionen gebaut worden. In Kanada wird die JetRanger als CH-136 eingesetzt.
Hersteller: Bell Aerospace Co Division of Textron Inc., Bell Helicopter Co., Fort Worth, Texas, USA.

BELL 206L LONGRANGER

Ursprungsland: USA.
Kategorie: Leichter Mehrzweckhubschrauber.
Triebwerke: Eine Gasturbine Allison 250-C20B von 240 WPS Leistung.
Leistungen (1770 kg Fluggewicht): Höchstgeschw. 232 km/h; Reisegeschw. 229 km/h auf Meereshöhe; Schwebehöhe mit Bodeneffekt 2500 m, ohne Bodeneffekt 610 m; Reichweite 628 km auf Meereshöhe, 692 km auf 1525 m.
Gewichte: Leer 844 kg; max. Startgewicht 1770 kg.
Abmessungen: Rotordurchmesser 11,28 m, Rumpflänge 10,13 m.
Zuladung: Sechs bis sieben Personen, je nach Innenausstattung, oder entsprechende Menge Fracht. Max. 907 kg Aussenlasten.
Bemerkungen: Die Bell 206L LongRanger ist eine «gestreckte» und stärkere Version der Bell JetRanger II (siehe Seite 230) mit grösserer Treibstoffkapazität und vergrössertem Rotor. Erstflug 1973. Beide JetRanger-Modelle, die Bell 206B wie die Bell 206L, werden parallel in Serie gebaut. Die um 63 cm längere Kabine der LongRanger bedeutet beinahe eine Verdoppelung des Kabinenvolumens (1,39 m^3 zu 2,35 m^3). Auf Wunsch kann die LongRanger mit aufblasbaren Schwimmern versehen werden. Total wurden über 4600 zivile und militärische JetRangers verkauft. Erste Kundenlieferungen ab Ende 1975. Die LongRanger wird in Italien von Agusta in Lizenz hergestellt.
Hersteller: Bell Aerospace Co Division of Textron Inc., Bell Helicopter Co., Fort Worth, Texas, USA.

BELL 209 HUEYCOBRA

Ursprungsland: USA.
Kategorie: Zweisitziger Kampfhubschrauber.
Triebwerke: Eine Doppelturbine Pratt & Whitney (Canada) T400-CP-400 von 1800 WPS Leistung.
Leistungen: Höchstgeschw. 333 km/h auf Meereshöhe; max. Reichweite (ohne Reserven) 577 km; max. Schrägsteiggeschw. 5,5 m/Sek.; Schwebehöhe mit Bodeneffekt 3800 m.
Gewichte: Rüstgewicht (inkl. Besatzung) 3090 kg; max. Startgewicht 4535 kg.
Abmessungen: Rotordurchmesser 13,41 m, Rumpflänge 13,59 m.
Bewaffnung: Eine dreiläufige 20-mm-Kanone XM-197 zu 750 Schuss, und vier Aufhängepunkte unter den Stummelflügeln für je einen Raketenwerfer zu sieben oder 19 7-cm-Raketen, oder Mg-Behälter.
Bemerkungen: Die hier beschriebene Version der HueyCobra wird vom US Marine Corps verwendet und trägt die Bezeichnung AH-1J SeaCobra. Sie unterscheidet sich von der AH-1G der US Army hauptsächlich durch das Triebwerk (AH-1G: eine Gasturbine Avco Lycoming T53-L-13 von 1400 WPS Leistung). Das USMC wird insgesamt 124 SeaCobras beschaffen, weitere 202 Maschinen dieses Typs werden seit Mai 1974 an Persien geliefert. Die Abbildung zeigt eine SeaCobra in den Farben Persiens. 55 SeaCobras des USMC sollen mit einem 1970 WPS starken Triebwerk T400-WV-402 ausgerüstet werden.
Hersteller: Bell Aerospace Co Division of Textron Inc., Bell Helicopter Co., Fort Worth, Texas, USA.

BELL 212 TWIN TWO-TWELVE

Ursprungsland: USA.
Kategorie: Mehrzweckhubschrauber.
Triebwerke: Eine Doppelturbine Pratt & Whitney PT6T-3 von 1800 WPS Leistung.
Leistungen: Höchstgeschw. 194 km/h auf Meereshöhe; max. Schrägsteiggeschw. bei 4535 kg Fluggewicht 7,4 m/Sek.; Schwebehöhe mit Bodeneffekt 5210 m, ohne Bodeneffekt 3020 m; max. Reichweite 476 km.
Gewichte: Leer 2495 kg; max. Startgewicht 4535 kg.
Abmessungen: Rotordurchmesser 14,69 m, Rumpflänge 13,07 m.
Zuladung: Zwei Piloten und 13 Passagiere, 12 Soldaten, oder 2270 kg Aussenlasten (Militärversion UH-1N: 1534 kg Aussenlasten).
Bemerkungen: Die Bell 212 basiert auf der Bell 205 (siehe Seite 229) und unterscheidet sich von dieser hauptsächlich durch das zweimotorige Triebwerk (zwei Turbinen, die über ein Getriebe gekuppelt sind und auf eine Welle wirken). Von der 212 werden zwei Militärversionen (CUH-1N für die kanadischen Streitkräfte und UH-1N für die USAF, die US Navy und das USMC) und eine Zivilversion gebaut. Bei Ausfall einer Turbine kann trotzdem die volle Reiseflugleistung erbracht werden. Bis heute sind 278 militärische und rund 100 zivile Bell 212 verkauft worden. Die kanadischen Maschinen tragen die Bezeichnung CH-135.
Hersteller: Bell Aerospace Co Division of Textron Inc., Bell Helicopter Co., Fort Worth, Texas, USA.

BELL 214

Ursprungsland: USA.
Kategorie: Mehrzweckhubschrauber.
Triebwerke: Eine Gasturbine Avco Lycoming T55-L-7C von 2930 WPS Leistung.
Leistungen: Höchstgeschw. 305 km/h auf Meereshöhe; max. Reisegeschw. bei 5900 kg Fluggewicht 241 km/h; Reichweite 483 km.
Gewichte: Normales Startgewicht 5900 kg, mit Aussenlasten 6800 kg.
Abmessungen: Rotordurchmesser 15,20 m.
Zuladung: 16 Personen.
Bemerkungen: Die Entwicklung der Bell 214 (ursprünglich als Huey Plus bekannt) begann 1970 als eine weiterentwickelte Bell 205 (UH-1H), deren Zelle mit einigen Verstärkungen direkt übernommen wurde. Haupt- und Heckrotor hingegen stammen von der Bell 309 KingCobra (siehe Ausgabe 1973), und als Triebwerk fand die Gasturbine Avco Lycoming T55-L-7C Verwendung. Die militärische Version trägt die Bezeichnung Bell 214A, die zivile die Bezeichnung Bell 214B (Triebwerk Avco Lycoming LTC4B-8D). Der Erstflug der Bell 214 fand am 13. März 1974 statt, und die ersten Lieferungen an Persien, von wo eine Bestellung für 287 Einheiten dieses Typs eintraf, erfolgten im April 1975. Zulassung des Zivilmusters Bell 214B im Laufe von 1975, Produktionsrate aller Versionen der 214: 10 Hubschrauber pro Monat.
Hersteller: Bell Aerospace Co Division of Textron Inc., Bell Helicopter Co., Fort Worth, Texas, USA.

BELL 222

Ursprungsland: USA.
Kategorie: Leichter Mehrzweck- und Transporthubschrauber.
Triebwerke: Zwei Gasturbinen Avco Lycoming LTS 101-650C von je 600 WPS Leistung.
Leistungen (geschätzt): Höchstgeschw. 290 km/h; Langstrecken-Reisegeschw. 240 km/h; Reichweite inkl. 20 Min. Reserven 684 km.
Gewichte: Leer 1784 kg; max. Startgewicht 3040 kg.
Abmessungen: Rotordurchmesser 11,89 m, Rumpflänge 12,12 m.
Zuladung: 10 Personen. Alternative Innenausstattung für 8 Personen. VIP-Interieur für fünf Passagiere. Als Sanitätshubschrauber zwei Patienten und zwei Pfleger. Als Frachter 3,5 m^3 in der Kabine und 1,2 m^3 im Gepäckabteil.
Bemerkungen: Befindet sich seit März 1974 in der definitiven Entwicklungsphase als «der erste amerikanische Leichthubschrauber mit zwei Triebwerken» und sollte nach Programm im Frühjahr 1976 erstmals geflogen sein. Die ersten Lieferungen könnten frühestens 1978 erfolgen. Um den Lärmpegel des Rotors zu senken, wurden breite Blätter mit gepfeilten Spitzen gewählt; für die Aufhängung gelangte das Nodamatic-System zur Anwendung. Das Fahrwerk ist voll einziehbar. Bell erstellte ein Mockup in natürlicher Grösse (siehe Abbildung) unter der Bezeichnung D306; die Bell 222 besitzt jedoch eine längere Kabine, erweiterte Cockpitverglasung und ein vergrössertes Gepäckabteil.
Hersteller: Bell Aerospace Co Division of Textron Inc., Bell Helicopter Co., Fort Worth, Texas, USA.

BELL 409 (YAH-63)

Ursprungsland: USA.
Kategorie: Zweisitziger Kampfhubschrauber.
Triebwerke: Zwei Gasturbinen General Electric T700-GE-700 von je 1536 WPS Leistung.
Leistungen (geschätzt): Höchstgeschw. 322 km/h auf 1200 m; max. Reisegeschw. 286 km/h; max. Reichweite mit internem Treibstoff 483 km.
Gewichte: Normales Einsatzgewicht 6100 kg.
Abmessungen: Keine Daten verfügbar.
Bewaffnung: Eine dreiläufige 30-mm-Kanone XM-188, drehbar unter der Rumpfnase eingebaut, und bis zu acht Panzerabwehrraketen BGM-71A TOW unter den Stummelflügeln.
Bemerkungen: Die Bell 409 wurde zusammen mit der Hughes YAH-64 (siehe Seite 239) aus fünf Projekten ausgewählt, welche aus einem Wettbewerb für einen «fortgeschrittenen Kampfhubschrauber» (AAH) der US Army hervorgegangen waren. Am 22. Juni 1973 wurde zwischen Bell und der amerikanischen Regierung ein Vertrag abgeschlossen, der den Bau von zwei Prototypen und einer Bruchzelle vorsieht. Der erste Prototyp flog erstmals am 1. Oktober 1975, und beide Prototypen sollen am 31. Mai 1976 das Vergleichsfliegen beginnen, welches Ende 1976 mit der definitiven Wahl des Siegers abschliessen wird. Die US Army als Auftraggeber möchte, sofern die Kredite bewilligt werden, 472 Hubschrauber dieser Kategorie kaufen. Die YAH-63 ist stark gepanzert.
Hersteller: Bell Aerospace Co Division of Textron Inc., Bell Helicopter Co., Fort Worth, Texas, USA.

BOEING VERTOL 114

Ursprungsland: USA.
Kategorie: Mittelschwerer Transporthubschrauber.
Triebwerke (CH-47C): Zwei Gasturbinen Lycoming T55-L-11 von je 3750 WPS Leistung.
Leistungen (CH-47C, bei einem Fluggewicht von 14 970 kg): Höchstgeschw. 306 km/h auf Meereshöhe; ökonom. Reisegeschw. 254 km/h; max. Schrägsteiggeschw. 14,6 m/Sek.; Schwebehöhe ohne Bodeneffekt 4500 m; Aktionsradius 185 km.
Gewichte: Leer 9243 kg; max. Startgewicht 20 865 kg.
Abmessungen: Rotordurchmesser je 18,29 m, Rumpflänge 15,54 m.
Zuladung: Zwei Mann Besatzung und 10 600 kg Fracht, oder 33—44 Soldaten. Als Sanitätshubschrauber 24 Patienten plus Pfleger.
Bemerkungen: Die Boeing Vertol 114 ist der Standard-Transporthubschrauber der US Army und trägt die Militärbezeichnung CH-47 Chinook. Die CH-47A, das Grundmuster der Chinook, besass zwei Lycoming T55-L-5 oder -7 (2200 bzw. 2650 WPS Leistung). Sie wurde durch die CH-47B ersetzt (Lycoming T55-L-7C von 2850 WPS Leistung), welche ihrerseits von der CH-47C abgelöst worden ist. Die CH-47C erhielt wiederum stärkere Turbinen, verstärkte Kraftübertragung und erhöhte Treibstoffkapazität; sie wird in Italien von Meridionali in Lizenz für die italienische (24 Stück) und die persische (18 Stück) Armee hergestellt.
Hersteller: The Boeing Co., Vertol Division, Philadelphia, USA.

BOEING VERTOL 179 (YUH-61A)

Ursprungsland: USA.
Kategorie: Taktischer Transporthubschrauber.
Triebwerke: Zwei Gasturbinen General Electric T700-GE-700 von je 1500 WPS Leistung.
Leistungen: Max. Reisegeschw. 298 km/h; normale Reisegeschw. 274 km/h; Aktionsradius 725—1125 km.
Gewichte: Max. Startgewicht 8482 kg.
Abmessungen: Rotordurchmesser 14,93 m, Rumpflänge 15,77 m.
Zuladung: Drei Mann Besatzung und 11 Soldaten. Maximal 4500 kg Aussenlasten. Die Zivilversion Boeing Vertol 179 vermag 14—25 Passagiere zu befördern.
Bemerkungen: Die YUH-61A ist eine der beiden Finalistinnen im UTTAS-Wettbewerb (Utility Tactical Transport Aircraft System) der US Army; ihre Konkurrentin ist die Sikorsky YUH-60 (siehe Seite 247). Zweck dieses Wettbewerbs ist es, einen Nachfolger für die Bell UH-1H Iroquois zu finden, und das Vergleichsfliegen zwischen den beiden Anwärtern findet zwischen 1975 und Ende 1976 statt. Von den beiden Mustern wurden je eine Bruchzelle und drei Prototypen gebaut, wovon die Boeing Vertol YUH-61A am 29. November 1974 erstmals flog. Boeing Vertol baut auf eigene Rechnung einen vierten Prototyp, der gleichzeitig Prototyp der Zivilversion Modell 179 sein wird. Beide Entwürfe, die Boeing Vertol YUH-61A wie die Sikorsky YUH-60A, sind vor allem für den Truppentransport, den Verwundetentransport sowie für logistische Aufgaben vorgesehen.
Hersteller: The Boeing Co., Vertol Division, Philadelphia, USA.

HUGHES YAH-64

Ursprungsland: USA.
Kategorie: Zweisitziger Kampfhubschrauber.
Triebwerke: Zwei Gasturbinen General Electric T700-GE-700 von je 1536 WPS Leistung.
Leistungen (geschätzt): Höchstgeschw. 307 km/h auf Meereshöhe; max. Reisegeschw. 290 km/h; Schwebehöhe mit Bodeneffekt 4450 m, ohne Bodeneffekt 3600 m; max. Reichweite 578 km.
Gewichte (geschätzt): Normales Einsatzgewicht 7900 kg.
Abmessungen: Rotordurchmesser 14,63 m.
Bewaffnung: Eine einläufige 30-mm-Kanone Hughes zu 800 Schuss unter dem Cockpit. Vier Aufhängepunkte unter den Stummelflügeln für acht Panzerabwehrraketen BGM-71A TOW (Tube-launched Optically-tracked Wire-guided) oder andere Waffen, z. B. 76 ungelenkte 7-cm-Raketen. Hauptaufgabe der YAH-64 ist die Panzerbekämpfung.
Bemerkungen: Konkurrenzprodukt zur Bell YAH-63 (siehe Seite 236) im US-Army-Wettbewerb für einen neuen Kampfhubschrauber (AAH = Advanced Attack Helicopter). Für die Vergleichsflüge sind eine Bruchzelle und zwei Prototypen bestellt worden, wovon der erste am 30. September 1975, der zweite am 22. November 1975 zum Jungfernflug startete. Drei zusätzliche Prototypen sollen für die Erprobung und Entwicklung der Avionik und des Feuerleitsystems gebaut werden. Im Gegensatz zur YAH-63 sitzt der Bordschütze vor dem Piloten.
Hersteller: Hughes Helicopters (Division of Summa Corp.), Culver City, Kalifornien, USA.

KAMOW KA-25 (HORMONE-A)

Ursprungsland: UdSSR.
Kategorie: Bordgestützter U-Boot-Jäger.
Triebwerke: Zwei Gasturbinen Gluschenkow GTD-3 von je 900 WPS Leistung.
Leistungen (geschätzt): Höchstgeschw. 210 km/h; Reisegeschw. 190 km/h; max. Reichweite 650 km; Dienstgipfelhöhe 3500 m.
Gewichte (geschätzt): Leer 4765 kg; maximales Startgewicht 7500 kg.
Abmessungen: Rotordurchmesser je 15,74 m, Rumpflänge 10,82 m.
Zuladung: Zwei Mann Besatzung und 2000 kg Fracht, oder bis zu 12 Passagiere.
Bemerkungen: Die Zelle und die Rotor/Triebwerkseinheit der Ka-25 ist praktisch mit derjenigen der Ka-25K (siehe Ausgabe 1973) identisch. Hauptverwendungszweck der Ka-25 ist die U-Boot-Jagd, doch wird sie zeitweise auch als Transporter und als Verbindungshubschrauber eingesetzt; sie ist auf den Helikopter-Trägerschiffen Moskwa und Leningrad sowie auf einigen Küstenflugplätzen stationiert. Unter der Rumpfnase befindet sich ein Suchradar. Die übrige elektronische Ausrüstung variiert jedoch von Flugzeug zu Flugzeug. Für die Bewaffnung, welche aus Torpedos und Tiefenbomben besteht, ist ein grosser Waffenschacht in der Rumpfunterseite eingebaut. Die K-25K wird hauptsächlich als Kranhubschrauber eingesetzt (K = Kran).
Hersteller: Nikolai I. Kamow, UdSSR.

MBB BO 105

Ursprungsland: Westdeutschland.
Kategorie: Leichter Mehrzweckhubschrauber.
Triebwerke: Zwei Gasturbinen Allison 250-C20 von je 400 WPS Leistung.
Leistungen: Höchstgeschw. 250 km/h auf Meereshöhe; max. Reisegeschw. 222 km/h; maximale Schrägsteiggeschw. 9,5 m/Sek.; Schwebehöhe mit Bodeneffekt 2320 m, ohne Bodeneffekt 1550 m; normale Reichweite 625 km auf 1500 m.
Gewichte: Leer 1070 kg; normales Startgewicht 2100 kg; max. Startgewicht 2300 kg.
Abmessungen: Rotordurchmesser 9,80 m, Rumpflänge 8,55 m.
Zuladung: Ein bis zwei Piloten und vier bis fünf Passagiere oder zwei Patienten plus Pfleger.
Bemerkungen: Die BO 105 besitzt einen starren, gelenklosen Rotorkopf mit beiklappbaren, glasfaserverstärkten Kunststoff-Rotorblättern. Drei Prototypen und vier Vorserienflugzeuge wurden gebaut, und die ersten Ablieferungen erfolgten 1971. 30 Einheiten wurden für die niederländische Armee sowie 38 für die Philippinen in Auftrag gegeben, und die deutsche Bundeswehr bestellte sechs BO 105 zur Evaluation. Eine siebenplätzige Ausführung, die BO 106, flog erstmals am 25. September 1973. Bis zu Beginn 1976 waren rund 240 BO 105 hergestellt worden. Die Serienversion trägt die Bezeichnung BO 105C, diejenige mit erweiterter Ausrüstung, bestimmt für Grossbritannien, die Bezeichnung BO 105D.
Hersteller: Messerschmitt-Bölkow-Blohm GmbH, Tochtergesellschaft Siebelwerke-ATG, Donauwörth, Westdeutschland.

MIL MI-8 (HIP)

Ursprungsland: UdSSR.
Kategorie: Verkehrs- und Transporthubschrauber.
Triebwerke: Zwei Gasturbinen Isotow TV-2-117A von je 1500 WPS Leistung.
Leistungen (bei 11 100 kg Fluggewicht): Höchstgeschw. 250 km/h; max. Reisegeschw. 225 km/h; Schwebehöhe mit Bodeneffekt 1800 m, ohne Bodeneffekt 800 m; Dienstgipfelhöhe 4500 m; Reichweite mit 3000 kg Nutzlast 425 km.
Gewichte: Leer, Passagierversion 7417 kg; Frachtversion 7171 kg; normales Startgewicht 11 100 kg; max. Gewicht für Vertikalstart 12 000 kg.
Abmessungen: Rotordurchmesser 21,29 m, Rumpflänge 18,17 m.
Zuladung: Zwei bis drei Mann Besatzung und 28 Passagiere oder 4000 kg Fracht. Als Sanitätshubschrauber 12 Patienten und ein Pfleger. Luxusausführung (Mi-8 Salon) für 9 Fluggäste.
Bemerkungen: Die Mi-8 steht seit 1964 ununterbrochen in Serienproduktion und wird in Militär- sowie Zivilvarianten hergestellt. Die Militärversion der Mi-8 findet als Truppentransporter, als U-Boot-Jäger und als Such- und Rettungsflugzeug Verwendung und steht heute bei verschiedenen Ostblockstaaten sowie in Finnland, Pakistan, Peru, Ägypten, Bangladesh, Äthiopien, Indien, Irak, Sudan, Libyen und Syrien im Einsatz. Kürzlich hat auch die Türkei eine Anzahl Mi-8 bestellt. Der zweite Prototyp der Mi-8, welcher mit zwei Triebwerken ausgerüstet war und praktisch der Serienversion entsprach, flog erstmals am 17. September 1962.
Hersteller: Michail L. Mil, UdSSR.

MIL MI-24 (HIND)

Ursprungsland: UdSSR.
Kategorie: Kampfhubschrauber und Kampfzonentransporter.
Triebwerke: Zwei Gasturbinen Isotow von je ca. 1500 WPS Leistung.
Leistungen (geschätzt): Höchstgeschw. 257 km/h; max. Reisegeschw. 225 km/h; Schwebehöhe mit Bodeneffekt 1830 m, ohne Bodeneffekt 790 m; normale Reichweite 480 km.
Gewichte: Normal beladen 11 340 kg.
Abmessungen: Rotordurchmesser 16,76 m, Rumpflänge 16,90 m.
Zuladung: Zwei Mann Besatzung und 8—12 Soldaten. Die beiden Piloten sitzen nebeneinander.
Bewaffnung (Hind-A): Drei Flügelstationen pro Flügel für Raketenwerfer UV-32-57 und drahtgelenkte Panzerabwehrraketen AT-3 Sagger. Ein 12,7-mm-Mg drehbar in der Rumpfnase montiert.
Bemerkungen: Die Mi-24 (Hind) steht in grösseren Stückzahlen bei den sowjetischen Streitkräften im Einsatz; es sind auch etwa zwei Staffeln in Ostdeutschland stationiert. Zurzeit sind zwei Versionen bekannt, die Hind-A (siehe Abbildung) und die Hind-B. Die Hind-A besitzt insgesamt sechs Flügelstationen im Gegensatz zur Hind-B mit vier. Paradoxerweise scheint die Hind-A eine Weiterentwicklung der Hind-B zu sein. Die Existenz der Mi-24 ist im Westen schon seit 1972 bekannt, doch waren bisher keine Abbildungen zu erhalten. Vermutungen, Rotor und Triebwerk stammten von der Mi-8, erwiesen sich als falsch.
Hersteller: Michail L. Mil, UdSSR.

SIKORSKY S-61D (SEA KING)

Ursprungsland: USA.
Kategorie: Amphibischer U-Boot-Jäger.
Triebwerke: Zwei Gasturbinen General Electric T58-GE-10 von je 1500 WPS Leistung.
Leistungen: Höchstgeschwindigkeit 277 km/h auf Meereshöhe; Schrägsteiggeschw. 11,2 m/Sek.; Schwebehöhe ohne Bodeneffekt 2500 m; Reichweite (mit 10 % Reserven) 1000 km.
Gewichte: Leer 5481 kg; max. Startgewicht 9300 kg.
Abmessungen: Rotordurchmesser 18,90 m, Rumpflänge 16,69 m.
Bemerkungen: Stärkere Version der S-61B. Die S-61D wird von der US Navy in 74 Exemplaren unter der Bezeichnung SH-3D eingesetzt. Lizenzbau der S-61D in Grossbritannien durch Westland als Sea King HAS Mk.1 (56 gebaut, Triebwerke: zwei Rolls-Royce Gnome von je 1500 WPS Leistung) und in Italien durch Agusta für die italienische und persische Marine. Ferner liefert Westland eine verbesserte Version (Sea King Mk.50) an die australische Marine. Der taktische Transporthubschrauber Westland Commando Mk.2 ist auf Seite 249 beschrieben. Die SH-3G und SH-3H sind modernisierte Versionen der SH-3A (S-61B). Die S-61A wird von der USAF als CH-3B für die Versorgung von Lenkwaffenstellungen verwendet. Neun weitere S-61A befinden sich in Dänemark und 16 in Malaysia im Einsatz.
Hersteller: United Aircraft Corp., Sikorsky Aircraft Division, Stratford, Connecticut, USA.

SIKORSKY S-61R

Ursprungsland: USA.
Kategorie: Amphibischer Transport- und Rettungshubschrauber.
Triebwerke (CH-3E): Zwei Gasturbinen General Electric T58-GE-5 von je 1500 WPS Leistung.
Leistungen (CH-3E, bei 9635 kg Fluggewicht): Höchstgeschw. 261 km/h auf Meereshöhe; Langstrecken-Reisegeschw. 232 km/h; max. Schrägsteiggeschw. 6,6 m/Sek.; Schwebehöhe mit Bodeneffekt 1250 m; Reichweite mit 10 % Reserven 750 km.
Gewichte (CH-3E): Leer 6010 kg; normales Startgewicht 9635 kg; max. Startgewicht 10 000 kg.
Abmessungen: Rotordurchmesser 18,90 m, Rumpflänge 17,45 m.
Zuladung: Zwei Mann Besatzung und 25—30 Soldaten oder 2270 kg Fracht.
Bemerkungen: Obschon die S-61R direkt von der S-61A abstammt, ist ihr Äusseres doch ziemlich durch das neukonstruierte Heck verändert, und wegen der Heckladepforte drängte sich auch ein Bugradfahrwerk auf. Grundmuster der USAF war die CH-3C, jedoch wurden inzwischen alle diese Maschinen zu CH-3E (stärkere Triebwerke) umgebaut. Die Abbildung zeigt eine HH-3F Pelican der USCG (US Coast Guard, Küstenwache). Italien hat 20 HH-3F als Seenothelikopter bestellt.
Hersteller: United Aircraft Corp., Sikorsky Aircraft Division, Stratford, Connecticut, USA.

SIKORSKY S-65 (YCH-53E)

Ursprungsland: USA.
Kategorie: Amphibischer Kampfzonentransporter.
Triebwerke: Drei Gasturbinen General Electric T-64-GE-415 von je 4380 WPS Leistung.
Leistungen: Höchstgeschw. über 320 km/h; max. Reisegeschw. 314 km/h.
Gewichte: Rüstgewicht 14 968 kg; maximales Startgewicht 31 750 kg.
Abmessungen: Rotordurchmesser 24,08 m, Rumpflänge 22,38 m.
Zuladung: Drei Mann Besatzung und bis zu 56 Soldaten oder 14 500 kg Aussenlasten; Serienversion 16 000 kg; bzw. 18 000 kg über kurze Strecken. Zivilversion S-65C für 44 Passagiere.
Bemerkungen: Die YCH-53E ist eine vergrösserte Version der CH-53D Sea Stallion (siehe Ausgabe 1974) mit drittem Triebwerk, verstärkter Transmission, sieben (anstelle von sechs) Rotorblättern und vergrössertem Rotordurchmesser. Der erste von zwei Prototypen flog erstmals am 1. März 1974, und die erste von zwei Vorserienmaschinen am 8. Dezember 1975. Es besteht gegenwärtig ein Bedarf für 70 Hubschrauber dieses Typs bei der US Navy und dem USMC, da die CH-53E fähig ist, 93 % der von diesen beiden Wehrzweigen eingesetzten Flugzeuge ohne Demontage zu transportieren. Zurzeit der grösste und stärkste Hubschrauber des Westens. Die CH-53E ist zur Betankung im Flug ausgerüstet.
Hersteller: United Aircraft Corp., Sikorsky Aircraft Division, Stratford, Connecticut, USA.

SIKORSKY S-70 (YUH-60A)

Ursprungsland: USA.
Kategorie: Taktischer Transporthubschrauber.
Triebwerke: Zwei Gasturbinen General Electric T700-GE-700 von je 1536 WPS Leistung.
Leistungen (geschätzt): Höchstgeschw. 322 km/h auf Meereshöhe; Reisegeschw. 296 km/h; Schwebehöhe mit Bodeneffekt 3050 m, ohne Bodeneffekt 1770 m; normale Reichw. 740 km.
Gewichte: Max. Startgewicht 9980 kg.
Abmessungen: Rotordurchmesser 16,15 m, Rumpflänge 15,53 m.
Zuladung: Drei Mann Besatzung und 11 vollausgerüstete Soldaten oder sieben Verwundete. Zivilversion S-78-20 bis zu 20, «gestreckte» S-78-29 bis zu 29 Passagiere.
Bemerkungen: Die YUH-60A bewirbt sich zusammen mit der Boeing-Vertol YUH-61A (siehe Seite 238) im Rahmen des von der US Army ausgeschriebenen UTTAS-Wettbewerbs für einen Iroquois-Ersatz um einen Produktionsauftrag. Der endgültige Entscheid wird nach einem eingehenden Vergleichsfliegen im November 1976 gefällt; vom siegreichen Entwurf sollen 15 Vorserienhubschrauber gebaut und ab Juli 1978 abgeliefert werden. Die erste YUH-60A flog am 17. Oktober 1974, die erste S-78-20 am 23. Mai 1975; bei der letzteren handelt es sich um die Zivilversion der YUH-60A und um den vierten Helikopter der S-70/78-Reihe. Die YUH-60A lässt sich, mit zurückgeklappten Rotorblättern, in einer C-130 Hercules transportieren.
Hersteller: United Aircraft Corp., Sikorsky Aircraft Division, Stratford, Connecticut, USA.

SIKORSKY S-76

Ursprungsland: USA.
Kategorie: Ziviler Transport- und Mehrzweckhubschrauber.
Triebwerke: Zwei Gasturbinen Allison 250-C30 von je 650 WPS Leistung.
Leistungen (geschätzt, bei einem Fluggewicht von 3810 kg): Max. Reisegeschw. 286 km/h; Schwebehöhe mit Bodeneffekt 2750 m; Reichweite mit 12 Passagieren, inkl. 30 Min. Reserven, 742 km; max. Überführungsreichweite 1390 km.
Gewichte: Leer 2179 kg; max. Startgewicht 4400 kg.
Abmessungen: Rotordurchmesser 12,19 m, Rumpflänge 12,75 m.
Zuladung: Ein bis zwei Piloten und 12—13 Passagiere. VIP-Version für vier oder sechs Passagiere. Total 2270 kg Aussenlasten (Frachthaken).
Bemerkungen: Der Erstflug der S-76 wird für Mitte 1976 erwartet, mit Beginn der Ablieferungen 1978. Sie S-76 ist unter den Sikorsky-Helikoptern insofern einmalig, als sie nicht auf einem militärischen Modell basiert. Trotzdem lässt sich nicht ausschliessen, dass nie eine Militärversion gebaut werden könnte; die Bestellungen für vier S-76 für die jordanische Luftwaffe zeigen dies deutlich. Tatsächlich sind Ausrüstung und Systeme bereits auf Wünsche militärischer Stellen zugeschnitten. Sikorsky möchte sich jedoch, wie auch mit der S-78, stärker am zivilen Hubschraubermarkt beteiligen. Die Rotor-Triebwerkseinheit der S-76 basiert auf derjenigen der S-70/78.
Hersteller: United Aircraft Corp., Sikorsky Aircraft Division, Stratford, Connecticut, USA.

WESTLAND COMMANDO MK.2

Ursprungsland: Grossbritannien.
Kategorie: Taktischer Truppentransporter.
Triebwerke: Zwei Gasturbinen Rolls-Royce Gnome 1400-1 von je 1590 WPS Leistung.
Leistungen: Höchstgeschw. (9046 kg Fluggewicht) 222 km/h; max. Reisegeschw. 204 km/h; max. Schrägsteiggeschw. 9,8 m/Sek.; Reichweite mit 30 Soldaten 259 km; Überführungsreichweite 1668 km.
Gewichte: Leer 5221—5510 kg; max. Startgewicht 9072 kg.
Abmessungen: Rotordurchmesser 18,89 m, Rumpflänge 16,69 m.
Zuladung: Zwei Mann Besatzung und 27 Soldaten.
Bemerkungen: Die Commando ist eine von Westland entwikkelte, landgestützte Transportversion der Sea King HAS Mk.1 (Lizenzbau der Sikorsky S-61D Sea King, siehe Seite 244) ohne Suchradar und andere Spezialausrüstung. Die ersten fünf Exemplare sind umgebaute Sea Kings und tragen die Bezeichnung Commando Mk.1; Jungfernflug des Prototyps (siehe Abbildung) am 12. September 1973, der ersten Mk.2 am 16. Januar 1975. Die Mk.2 ist mit einem stärkeren Gnome-Triebwerk ausgerüstet. Ägypten hat 34 Commandos Mk.1 und Mk.2 bestellt, die ab 1974 geliefert werden. Weitere Bestellungen sind aus Saudiarabien (etwa 30 Einheiten) und Qatar (4 Einheiten) eingegangen. Die ersten Lieferungen an Ägypten erfolgten im Januar/Februar 1974.
Hersteller: Westland Helicopters Ltd., Yeovil Division, Yeovil, Somerset, Grossbritannien.

WESTLAND WG.13 LYNX

Ursprungsland: Grossbritannien.
Kategorie: Mehrzweckhubschrauber.
Triebwerke: Zwei Gasturbinen Rolls-Royce BS.360-07-26 von je 900 WPS Leistung.
Leistungen (Mehrzweckversion): Maximale Reisegeschw. 273 km/h; max. Schrägsteiggeschw. 11,2 m/Sek.; Schwebehöhe ohne Bodeneffekt 3650 m; max. Reichweite 676 km.
Gewichte: Rüstgewicht 2682 bis 3036 kg; max. Startgewicht 4310 kg.
Abmessungen: Rotordurchmesser 12,80 m; Rumpflänge 12,06 m.
Zuladung: Zwei Piloten und 12 Soldaten, 1240 kg Fracht in der Kabine, oder 1360 kg Aussenlasten. Westland 606: Zwei Mann Besatzung und 12—13 Passagiere.
Bemerkungen: Die Lynx, deren erster Prototyp am 21. März 1971 erstmals flog, wird im Herbst 1976 von der britischen Armee als Lynx AH Mk.1 in Dienst gestellt. Die Marinevariante für die Royal Navy, die Lynx HAS Mk.2 (siehe Abbildung), wird ab diesem Jahr ausgeliefert; sie ist für die U-Boot-Jagd vorgesehen und für diese Aufgabe mit einem Seaspray-Radar von Ferranti zum Auffinden und Verfolgen von U-Booten ausgerüstet. Die Bewaffnung setzt sich aus zwei Mk.44- oder Mk.46-Torpedos, oder zwei Mk.11-Tiefenbomben zusammen. Eine ähnliche Version wird der Aéronavale geliefert, welche einen Bedarf für rund 80 Einheiten dieses Typs hat. Unter der Bezeichnung Westland 606 befindet sich eine Zivilversion in Entwicklung.
Hersteller: Westland Helicopters Ltd., Yeovil Division, Yeovil, Somerset, Grossbritannien.

VERZEICHNIS DER FLUGZEUGTYPEN